编委会

绿美云南

云南省社会科学院
中国（昆明）南亚东南亚研究院

编 著

云南出版集团
云南人民出版社

图书在版编目（CIP）数据

绿美云南 / 云南省社会科学院, 中国（昆明）南亚
东南亚研究院编著. -- 昆明：云南人民出版社, 2023.1
ISBN 978-7-222-21459-0

Ⅰ.①绿… Ⅱ.①云… ②中… Ⅲ.①生态环境建设
—研究—云南 Ⅳ.①X321.274

中国国家版本馆CIP数据核字(2023)第019356号

出 版 人：赵石定
统　　筹：陈浩东
责任编辑：陈朝华
责任校对：和晓玲
装帧设计：云南九欣文化传播有限公司
责任印制：马文杰

绿美云南
LÜMEI YUNNAN

云 南 省 社 会 科 学 院
中国（昆明）南亚东南亚研究院　编著

出　　版　云南出版集团　云南人民出版社
发　　行　云南人民出版社
社　　址　昆明市环城西路609号
邮　　编　650034
网　　址　www.ynpph.com.cn
E-mail　ynrms@sina.com
开　　本　787mm×1092mm　1/16
印　　张　23.125
字　　数　276千
版　　次　2023年1月第1版
印　　次　2023年1月第1次印刷
制　　版　云南九欣文化传播有限公司
印　　刷　昆明精妙印务有限公司
书　　号　ISBN 978-7-222-21459-0
定　　价　78.00元

云南人民出版社微信公众号

让绿美云南成为
人们向往的
诗和远方……

目 录

绿中村　　（彭家云　摄）

序言

人间有胜景，最美在云南。及目苍翠绿，千里百花香。云南是镶嵌在中国与南亚东南亚接合部的一颗璀璨明珠，具有良好的资源禀赋、气候优势、区位优势，被誉为"植物王国""动物王国""世界花园"。为学习贯彻落实党的二十大精神，全面践行习近平生态文明思想，推动新时代新征程云南高质量跨越式发展，不断推进生态文明排头兵建设实现新进步，云南作出了建设"绿美云南"的重大决策部署，在全省开展城乡绿化美化三年行动（2022—2024年），有重点分阶段推进城乡绿化美化工作，进一步厚植云南的生态优势、发展优势、竞争优势，让彩云之南成为人们向往的诗和远方。

建设绿美云南是一项关系长远的系统工程，更是一项重要的惠民工程，具有很强的战略性、系统性、创新性和实践性。推进绿美云南建设实践，迫切需要回答好"什么是绿美云南，为什么要建设绿美云南，怎样建设绿美云南，建成什么样的绿美云南"等一系列问题，充分认识绿美云南建设的重要意义和价值，准确把握绿美云南的丰富内涵，积极探索绿美云南实现路径和有效模式，努力打造美丽中国建设的鲜活实践和样板。

绿美云南建设是新时代云南践行"绿水青山就是金山银山"理念和落实"双碳"目标的具体行动，是美丽中国建设在云南的创新实践，契合4700多万云岭儿女对美好生活的向往，对提升城乡人居环境、推进新型城镇化和乡村振兴、实现旅游转型升级、建设健康生活目的地等具有重要的指导意义和实践意义。

2015年，习近平总书记考察云南时提出云南要努力成为我国生态文明建设排头兵的新要求，强调要把生态环境保护放在更加突出位置，像保护眼睛一样保护生态环境，像对待生命一样对待生态环境，为云南推进生态文明建设指明了方向。2020年，习近平总书记再次考察云南，要求云南努力在生态文明排头兵建设上不断取得新进展。党的十八大以来，云南全面推进生态文明建设，全力打好蓝天、碧水、净土保卫战，扎实推进九大高原湖泊治理、六大水系保护修复等"8个标志性战役"，州（市）政府所在地城市环境空气质量优良天数比例达98%以上，全省森林覆盖率达65.04%，均居全国前列。建成了一批国家园林城市、森林城市和美丽县城、美丽乡村，生物多样性保护走在全国前列，相继建成一批国家生态文明建设示范县（市）和"绿水青山就是金山银山"实践创新基地。

绿色已经成为云南最鲜明的底色，绿美云南建设具备独特的先天优势和坚实的基础条件。然而，整体来看，云南生态环境保护仍然任重道远。建设绿美云南，必须坚持以习近平新时代中国特色社会主义思想为指导，深入学习贯彻习近平生态文明思想和考察云南重要讲话精神，深化生态文明建设的规律性认识，准确把握人与自然和谐共生的现代化建设的总体要求和目标任务，紧扣生态文明建设排头兵的战略定位和筑牢祖国西南生态安全屏障的神圣使命，统一思想，凝聚力量，立足优势，对标对表绿美云南建设要求，着力补齐绿化总量不足、分布不均、绿而不美、特色不突出等系列短板和不足，努力实现宜绿则绿、应美尽美。

绿美云南建设具有丰富的内涵。狭义的"绿美"主要基于生态视角，绿色是前提也是基础，美丽是目标也是要求。没有优良的生态环境，美丽便无从谈起，缺乏美丽这一目标引领，绿化工作就失去方向，难以形成有机整体，二者辩证统一。广义的"绿美"不仅仅局限在生态领域，还包括其与经济、社会、文化之间的有机协调和相互作用。简而言之，绿美建设就是既要绿，也要美，还要富，核心要义就是因绿而美、因特而美、因多样性而美；最终目标就是为人民群众创造更加适宜的生产生活环境，让人民群众获得看得见、摸得着、感受得到的幸福感，不断满足人民群众对美好生活的向往；主要内容包括建设特色鲜明的城市、生态宜居的乡村、多彩多样的交通、岸绿景美的河湖、优美怡人的校园、生态和美的园区与千姿百态的景区；依托先进的科学技术，推动绿美云南与基础设施建设、乡村振兴、全域旅游、新型城镇化和精神文明建设融合发展。

前人栽树，后人乘凉。我们每个人都是乘凉者，但更要做种树者。绿化美化，人人有责。建设绿美云南，是功在当代、利在千秋的系统工程，是让人民群众共享生态文明建设成果的重要举措，是主动服务和融入美丽中国建设的责任担当。站在全面建设中国式现代化新征程的历史起点上，云南要全面学习全面把握全面落实党的二十大精神，完整准确全面贯彻新发展理念，主动融入新发展格局，加快推动云南高质量跨越式发展，紧紧围绕生态文明建设排头兵的战略定位，以"功成不必在我"的精神境界和"功成必定有我"的历史担当，笃定前行，不断推进绿美云南建设取得新进展，奋力谱写好新时代美丽中国建设的云南篇章。

之要 绚美

　　云南具备独特的地理景观和丰富多样的生态系统。习近平总书记考察云南时指出，云南生态地位十分重要，是我国西南的重要生态安全屏障。党的十八大以来，云南生态文明建设成效明显，森林覆盖率和森林蓄积量位居全国前列，西南生态安全屏障日益牢固。绿美云南建设，要坚持以人民为中心的发展思想，结合云南的气候、地理等自然资源禀赋，以绿化美化持续改善城乡人居环境，同时兼顾城乡历史文脉、地域特点等个性化特征，彰显不同地区城乡环境的独特生态风貌，在此过程中展现生物多样性的魅力，展现自然与人文交相辉映的多姿多彩，各美其美、美美与共，共同构筑云岭大地生动、多元的绿美风貌。

生态自然村 　　（石屏县牛街镇人民政府供图）

第一节
因绿而美

2018 年 4 月，习近平总书记在参加首都义务植树活动时强调，"绿化祖国要坚持以人民为中心的发展思想，广泛开展国土绿化行动，人人出力，日积月累，让祖国大地不断绿起来美起来"。科学开展城乡绿化，就是要让城乡景观突出"绿"，城乡个性突出"彩"，城乡人居环境突出"雅"，让云南之美不仅是因为有绿色名片，更因为绿色中蕴含着高质量发展，孕育着美好生活，展示着美丽情怀。

绿　化

春来新叶遍城隅

　　绿化是通过植物种植养护来改善生态环境、人居环境的所有行动的统称。绿化具有重要的功能，对生态环境质量的改善影响极为显著，不仅能改善空气质量、固碳释氧、吸附有害气体，还能降噪防尘、保持水土等，调节微气候；因绿而美，绿化在改善和提升景观品质、生态环境、人居环境等方面具有重要价值和意义。

　　城市、乡村、交通沿线、河湖、校园、园区、景区等作为人类活动聚集区，是绿美建设的重点区域。如绿美城市建设，着重在增加城市绿量、高覆盖

西盟绿美城市建设　　（刘镜净　摄）

建设城市绿道网络、高水平构建城市公园体系、高品质打造绿美街区街道、高质量推进绿美社区建设、高颜值营造城市山水和人文之美。在"多规合一"国土空间规划体系下，保护和统筹城市全域绿地、林地、湿地等生态要素，推动城乡区域融合发展，持续提升城市绿色生态空间的系统性、均衡性和功能性。[①] 绿美校园建设着重在融入城市整体绿美发展规划，突出特点的同时强化生态教育功能。绿美河湖建设着重在系统性提升河湖沿岸的生态功能，打造沿湖生态带、湖滨绿化带。绿化应选择适宜的乡土树种，因地制宜，突出特色；应突出重点，分步分阶段、持续推进全域绿化建设，让植绿、增绿、补绿贯穿绿美云南建设的始终。

随着经济社会的发展、人民生活水平的提高，人们对优质生态产品的需求日益增加，走生态化、园林化道路，以科学绿化改善城市环境质量已经逐渐成为城市治理的共识。在城市、乡村、道路、河湖、校园、园区、景区等公共空间进行绿化设计，应遵循生态学原理和适地适树原则，充分利用和发挥植物的多功能性，合理构建植物群落，改善和提升城乡环境质量。城乡绿量的增加，可改善生态环境质量，同时满足人们对美好生活的向往。

近年来，云南按照山水林田湖草沙一体化保护和系统治理的原则，加强了生态系统的修复和保护治理。随着城乡绿化美化三年行动的实施，云南将重点开展城乡绿化工程，因地制宜确定绿化方式，大幅增加城乡绿地率，全力构建完备的城乡绿地系统，使城市与自然共存，乡村与自然更相融，增进民生福祉，让云南的生态底色更绿，真正形成"人在园中，城在林中"的人与自然和谐共生的景观。

---

① 张桂莲、仲启铖、张浪：《面向碳中和的城市园林绿化碳汇能力建设研究》，《风景园林》2022 年第 5 期。

彩 化

万紫千红总是春

    彩化是绿化的提升，通过合理种植随季节变化色彩的植物，展现植物多样性和景观多样性。从绿化向彩化升级，是城乡绿美建设的内在要求。绿美建设要做的不仅是绿化，还需要注重彩化。在人口密集的城市广场、公园绿地、景观大道、滨水空间以及城市面山等区域，充分利用植物色彩美（彩色的叶、花、果、枝干）和形态美，通过乔木、灌木、花草、藤本植物等的合理配置，营造季相变化丰富的城市彩色生态景观。一个城市的彩化程度，反映的不仅是城市的绿化水平，更重要的是，它还反映了城市的经济发展水平和社会进步水准，也映照着居民生活品质。

    云南是全国植物种类最多的省份，被誉为"植物王国"。热带、亚热带、温带、寒温带植物类型都有分布，古老的、衍生的、外来的植物种类和类群很多。在全国 3 万种高等植物中，云南占 60% 以上，列入国家一、二、三级重点保护和发展的树种有 150 多种。云南树种繁多，类型多样，优良、速生、珍贵树种多，药用植物、香料植物、观赏植物等品种在全省范围内均有分布，故云南还有"药物宝库""香料之乡""天然花园"之称。[①] 云南野生植物资源和栽培植物资源种类多，品种丰富，是国内外著名的种质资源基地。在云南的 2500 多种观赏植物中，目前普遍用于城市绿化的不到 1/10，常用的甚至只有几十种，有特色的乡土树种占的比例更少。目前，

① 《2021 年云南省领导干部手册》（自然资源），云南省人民政府网 2021 年 9 月 6 日。

绿美之要

大理洱海生态廊道 （刘镜净 摄）

在大多数城市，所用的绿化植物大部分是外来树种，乡土植物不论是种类上还是数量上，都只占少数，园林绿化的地域特色还不明显。

云南的气候、植物多样性特点决定了树种选择上的多样性，以绿色为基调，在原有的绿化基础上，要以"彩化"为着力点，突出关键节点、关键路段的彩化美化，提升树种品质，增添彩色树种进行彩化，营造"乔灌草藤花"相结合的立体生态群落空间，大力建设城市彩色生态景观，进一步美化城市，显著提升植物景观品质。在彩化的树种、花卉、草类选择方面要坚持以本土特有植物为主、适当采用外来适生树种，考虑植物的季节性和层次性，进行精心布局，营造多样化景观，让人们在不同的季节都能观赏到不同植物的美丽身影，形成"随处见花、随处即景"的城中丽景。

绿美之要

高山杜鹃 （和晓燕 摄）

雅 化
淡妆浓抹总相宜

城乡居民的幸福感和获得感与城乡人居环境的温润度与美感度息息相关，城乡绿化美化中应尤其注意"雅化"，其涉及的范畴大到整体景观风貌的控制，小到场地植物造景等。要达到"雅化"目的，还要把城市的绿化美化设计与城市的人文历史景观、地域文化相融合，与城市独特的气息相结合。古老的中国园林艺术中有许多芳香植物的身影，在今天的城乡绿化美化中更应该加强芳香植物的应用，让现代城乡绿化"色香味"皆备，鸟语花香。让人们在其中心旷神怡，放松自我，全身心享受雅化的城市。同时，城乡环境雅化还应该尊重每一方土地独有的山水结构和地形地貌，塑造灵动优美的景观风貌，尽量避免对环境产生大规模的破坏，合理运用本土植物资源，将人造景观与自然景观有机融合起来，使城乡绿地的格局更加自然，更具亲和力，更加风雅。

历史文化是城市的灵魂。城乡绿化美化建设在物质景观的基础上应该突出当地的历史文化，使人们在其中得到的不光是感官的愉悦，更有精神的熏陶。因此，绿美云南建设不能简单地理解为种树种花种草，还应该涵养群众情操、提升群众艺术素养、丰富群众生态知识，要通过绿化景观的

塑造来培养人们的艺术鉴赏能力。在人文上，保留历史遗留下来的、已经融入了当地的文化的古树名木等，将其作为景观的基础,体现地域文化特色。任何地域文化都有比较鲜明的特征，城乡绿化的景观营造应将这些具有鲜明特征的地域文化形象化，使其成为该地区的标志。在尊重自然的前提下，城乡绿化建设时应当根据当地的条件进行，尽量避免对环境产生大规模的破坏，合理采用现有的本土植物资源。通过人文与景观融合展现一种和谐共生、诗意栖居、田园牧歌的意境，体现"天地与我共生，万物与我合一"的自然哲学思想，构建融入自然景观、彰显地域特色的文化景观体系，实现"望得见山，看得见水、记得住乡愁"的美好愿景。

绿美设计应遵循美学原则，注重处理好变化与统一的关系，如色彩上的冷暖明暗，线条上的曲直刚柔等，都可让景观绿化生动活泼。注重处理好对比与调和的关系，对比可产生醒目、生动的视觉艺术效果，使景观观感富于生机，具有怡人的视觉冲击力；调和与对比相反，它是由视觉的近似因素构成的。正确运用对比与调和可以使各种要素相辅相成，互相依托，活泼生动而又不失完整。注重处理好尺度与比例的关系，无论是广场、花园，还是绿地，都应该依据其功能和使用对象确定其尺度和比例。以人的活动为目的，确定尺度和比例才能让人感到舒适、亲切。注重处理好节奏与韵律的关系，景观绿化的节奏与韵律是通过植物体量大小的区分、空间虚实的交替、构件排列的疏密、长短的变化、曲柔刚直的穿插等变化而来。注重处理好对称与均衡的关系，对称常常给人一种严肃庄重的感觉，但是对称由于过于完美而缺少变化，均衡则弥补了对称状态的单调化，使景观生动活泼富于变化。自然式均衡则常用于花园、公园、植物园、风景区等较自然的环境中。

秀雅哈尼村寨　　（王建福　摄）

绿美之要

秘境独龙江 （曹津永 摄）

第二节
因特而美

　　云南风景众多，色彩迷人，随着四季的变换，呈现多姿多彩的景象，令人陶醉。"一山有四季，十里不同天"的独特气候类型和神奇的自然景观，民族文化的多样性以及由独特的地理位置和气候造就的生物多样性，让云南具有独特的魅力、独特的美感，这些独特的优势成为云南各地在进行城乡绿化美化时因地制宜各美其美的有利条件。要让我们的城乡绿化因独特的地理气候而美，因独特的山水生态而美，因独特的区域文化而美。

林在画中 　（林森 摄）

地理气候独特

山前桃花山后雪

  云南特殊的地理位置、显著的区域性气候特征和极为多样化的立体气候类型，成为云南丰富的生态系统多样性的最重要的自然环境基础，[①] 也为展现绿美云南的美提供了自然环境基础。云南全境从南到北纵跨 8 个纬度带，加之多山的高原地貌，地形切割剧烈，北高南低的总体地势，水平带的基准面很难确定。即使在同一纬度带内，也因山体海拔高差形成不同的山地气候类型。同时，全省大部分地区受热带季风气候的影响，致使森林植被类型的垂直带性与热带性形成全省森林分布上的交错、镶嵌现象，增加了森林水平地带性划分的复杂性。这种由纬度和海拔相结合所形成的植被水平地带称为"山原型水平地带"。云南森林植被的水平分布划分为三个地带，即热带雨林季雨林地带、亚热带南部季风常绿阔叶林地带和亚热带北部半湿润常绿阔叶林地带。

  热带雨林季雨林地带是云南省水热条件最优越的地域，以植物种类繁杂多样而著称，地带性代表植被是热带雨林和热带季雨林。云南热带雨林类型又可分为湿润雨林和季节雨林。湿润雨林仅局限分布在河口、金平等海拔 500 米以下的河谷，以云南龙脑香、毛坡垒林为代表。热带季雨林主要分布在海拔 1000 米以下宽广的河谷、盆地或保水性能较差的石灰岩山地，以阳性耐旱的热带树种为

---

① 云南省社会科学院、中国（昆明）南亚东南亚研究院编著：《世界花园彩云南》，云南人民出版社 2021 年版，第 45 页。

高山花海 （林森 摄）

主。分为半常绿季雨林、落叶季雨林和石灰山季雨林。亚热带南部季风常绿阔叶林地带分布于云南中南部地区，暖热性常绿阔叶林是这一地域的地带性植被，森林树冠层的外貌表现为浓郁的暗绿色，波状起伏。云南亚热带北部半湿润常绿阔叶林地带分布在以滇中高原为主的地区，地带性植被是半湿润常绿阔叶林，在森林类型上，云南松林已成为在常绿阔叶林被砍伐后演替系列中的优势类型，成为这一地带分布面积最多的森林。[1]

云南地理环境、气候条件的独特性，对于绿美云南建设"因特而美"的重要意义集中体现于地形地貌与气候条件相结合，在生态系统长期的历史演化中，造就了云南独特的生态系统和植被类型，成就了云南植物王国、动物王国、世界花园的美誉，也决定了绿美云南建设基于独一无二的气候、地理基础之上的"因特而美"。

绿美之要

---

① 云南省林业厅：《云南森林资源》，云南科技出版社 2018 年版，第 38—39 页。

高山七叶龙胆 （李志纲 摄）

自然生态独特

南城北镇各相异

　　云南地形与北方一望无际的平原地形明显不同，城市的绿美建设要因地制宜，基于特定的山水基础，又要融入山水格局。城镇绿美建设要基于特定的气候带和森林植被，综合考虑气候、气温、降水量等直接影响城市绿化美化的因素，对城市进行分区，提出更具针对性与适应性的分区要求。云南全域的城市具体可分为：中—北亚热带城市区、南亚热带城市区、热带城市区、温带城市区、高原气候带城市区5种。

　　中—北亚热带城市区：以昆明、曲靖、楚雄、大理等地为代表。在城市绿化建设中应与中—北亚热带气候环境相适应，以色彩相对丰富的观花、观果植物为特点，营造具有中—北亚热带城市特征的绿化景观。结合区域优势，各个城市科学选择城市骨干树种，城市绿地中多选冠幅大的阔叶乔木，营造城市林荫空间，降低城市热岛效应，减少公共空间紫外线辐射。根据立地条件及栽植面积，优选色彩丰富的观花、观果、观叶乡土植物，打造四季花开、特色鲜明的城市园林风貌，避免千城一面。其中，昆明市以打造公园城市为目标。

南亚热带城市区：以玉溪、普洱、临沧、景洪等地为代表。在城市绿化建设中应与南亚热带气候环境相适应，以常绿观叶、观果、观形植物为特点。在城市绿化建设中着重利用热带环境优势，营造城市森林的景观特征。营造具有南亚热带—热带城市特征的绿化景观。以乡土适生树种为主，优选观花、观果、观叶的植物，形成观赏特性明显、层次结构复合、极具地

白马雪山森林　　（曹津永　摄）

域特征、花果飘香的城市园林风貌。需控制外来物种的使用，避免物种入侵。其中，景洪市以打造雨林城市为目标。

温带城市区：以昭通、丽江、泸水等为代表。在城市绿化建设中应与温带气候环境相适应，着重凸显季相相对分明的城市绿化景观。营造具有温带城市特征的绿化景观。结合季相分明的区域特征，根据立地条件，以乡土苗木为主，将不同花期、色相、形态的植物协调搭配，营造春夏观花、秋冬观干的季节性景观。植物配置注重抗寒性，选用可越冬的品种，避免栽植不抗寒不抗冻的植物品种。其中，丽江以打造花园城市为目标，沿江城市根据地域气候特征，结合当地条件，注重滨河景观带的塑造，形成个性鲜明的城市园林风貌。

高原气候带城市区：以迪庆香格里拉市为代表。在城市绿化建设中应与高原气候环境相适应，以高山植物为特点。营造具有高原气候带城市特征的绿化景观。绿化建设要因地制宜，以高原区域垂直海拔及绿化空间立地条件为基本依据，选择以耐寒乡土适生植物为主，同时因高原气候带城市植物种类相对较少，在绿化中应着重考虑色叶植物、景观小品的搭配应用，打造季相明显、自然生态的高原气候城市园林风貌。禁止引种温带、亚热带及热带区域无法适应高原气候环境的植物品种。

绿美云南尤其是绿美城市的建设，必须以城市的分区为依据来分类推进，确定适应于特定城市区的绿美建设方案。从树种草种的选择，到生态系统类型的打造和建设，不同的城市区要分类进行，最大限度突出不同城市区的特色。

绿美之要

区域文化独特

风情万种彩云南

    云南的 26 个世居民族，每个民族都有悠久的历史和灿烂的文化，并经由文化将人与自然紧密联结成一体。人与自然的融合，多元文化的共存，历史与现实的连接，构成云南文化与众不同的特色。[①] 如史前文化、古滇文化、哀牢文化、爨文化、南诏大理国文化、移民文化等历史文化，护国文化、长征文化、抗战文化等红色文化以及各民族文化等。这些文化又大都具有唯云南独有的独特性、各民族文化交流互鉴的和谐性、民族文化与生态环境高度融合性等特点，是中华民族文化的瑰宝，是提升国家文化软实力、维护国家文化安全、建设社会主义文化强国的重要组成部分。[②]

    大体而言，云南文化有几个突出特色是显而易见的。首先是地域文化的多元性。云南地处祖国西南边陲，与缅甸、老挝和越南三国接壤，还与西藏、四川、贵州、广西等省区山水相连。因此，云南文化是在中原文化与本土民族文化、周边文化相互影响、交融变迁的基础上形成的。多元文化并存是其基本格局，最显著的是儒道佛各家文化的并存，多民族文化的并存，传统文化与现代文化的并存等，这就使云南文化呈现出百花竞放、百态千姿的异彩。其次，由于特殊的历史条件，产生了具有鲜明地方特色的历史文化。例如古滇文化，南诏、大理国文化。历元、明、

---

① 杨寿川主编：《云南特色文化》，社会科学文献出版社 2006 年版，序二。
② 中共云南省委宣传部编：《民族团结进步示范区建设》，云南人民出版社 2017 年版，第 10 页。

热情迎客的孟连傣族群众　　（刘镜净　摄）

清各个朝代的发展，在汉文化与各少数民族文化的进一步交融中，产生了极具特色的文化现象，如白族的三月街绕三灵、彝族的火把节等节日文化，都可看出民族传统文化和汉文化融合的历史发展轨迹。①

　　在千城一面的现代社会，绿化建设同质化严重，许多地方的绿化无法让人们从中感受到当地的历史、文脉和地域文化。在绿美云南建设中，要结合城市地域文化、民族文化，提取文化元素，结合绿化建设来推进。在城市的入城门户、城市中心广场、主要交通节点等区域，通过艺术小品及立体绿化等方式建设节点景观，在城市主要面山空间进行绿化建设，展示城市形象，凸显城市地域特征，避免"千城一面"。各地可深入挖掘区域特色文化，推动区域特色文化融入当地城乡绿化美化建设，促进生态环境保护，呈现云南人与自然和谐共生、各美其美、美美与共的美好景象。如

① 杨寿川主编：《云南特色文化》，社会科学文献出版社 2006 年版，序二。

绿美之要

同样是干热河谷地区，除了选择有热区特色的植物，如木棉花、凤凰树等外，玉溪市元江县和楚雄州元谋县在绿美建设过程中可结合区域文化凸显亮点：

元江县以热带水果出名，县城的淇水路、向阳路上，200多棵波罗蜜树都挂满了果子，从树根长到枝头，密密麻麻；香江路、澧江路道路两边的果树上，一串串杧果挂满枝头。"花开四季""果树上街""绿中飘香"等生态园林特色，让元江县在"绿"中生机盎然，让市民在"绿"中享受美好。①

元谋县酸角古树分布广泛，其中不乏数百年树龄的古树，姿态奇特，气势雄伟，代表了元谋深厚的历史和文化底蕴。在绿化植物配置中可适当引用此类树种来凸显地域特色。再者，如凤凰树在元谋分布广泛且历史悠久，它的花语是"火热青春"，这代表着元谋人民朝气蓬勃的精神以及对美好生活的向往。其次，凤凰之寓意也正契合元谋祥瑞、和谐的文化精髓，与县城的凤凰山相得益彰。元谋县的滨江一带是人们休息、游憩、交流的场所，是县城的主要景点。其一侧靠江，地势较平坦开阔，土层较厚，水位较高，养护相对方便。在植物配置上可巧妙运用地理优势突出滨江绿化特点，如靠近江的一面种植垂丝杨柳，其柔软下垂的枝条与水景融为一体，可自然地将绿化地段整体与江面相融合，形成"万条垂下绿丝绦""杨柳岸，晓风残月"的清雅意境，②使人与自然和谐之美成为一种自然而然。

总之，绿美云南建设的因特而美，就是根据不同市、县、城、村、路、湖的特征，因地制宜塑造千姿百态的绿美景观，结合绿色发展和全域旅游，把各地的优势与特点充分展示出来，杜绝千地一面、千城一面、千村一面。

① 孙桂江、范巍嵩：《"果树上街"！元江初夏的独特风景线》，《玉溪日报》2022年5月20日。
② 唐政、刘保艳：《金沙江干热河谷气候下滨江植物选择及应用——以龙川江元谋县城区段为例》，《园林》2018年第1期。

第三节
因多样性而美

　　绿美云南建设的"多样性"之美体现在三个层面。宏观上，云南由两大地貌单元构成，即以云岭东侧至元江谷地一线为界，东部为高原，西部是横断山地。东西两大地貌单元的景观格局也不相同。不仅有高山与深谷相间的纵谷区，星罗棋布的盆地，还有山川之间的大小湖泊，形成了云南从盆地到丘陵、河谷到高原、湖泊到山川的生态地理环境多样性。中观上，云南涵盖了除典型的温带草原、典型的荒漠和海洋生态系统外，从热带到高山冰缘荒漠，从水生、湿润、半湿润、半干旱到干旱等各

白马雪山杜鹃林　　（李志纲　摄）

绿美之要

类自然生态系统类型，堪称地球生态系统的缩影。微观上，云南生物多样性富集，是中国17个生物多样性关键地区之一，云南各大生物类群物种数均接近或超过全国的一半，农作物及其野生近缘种数达千种。全球范围内很多知名的花卉品类都源自云南，云南花卉种质资源非常丰富且具有独特性。

绿美云南建设就是要凸显云南多样性之美的特质，充分挖掘其中的功能价值、生态价值和美学价值，展现多样性的层次和类型，基于城乡山水脉络及风貌格局，以保护为主，以利用为辅，凸显特点、特色及重点区域，打造各美其美、美美与共的城乡风貌。

哈巴雪山湾海　（李志纲　摄）

地貌景观多样

生息繁衍的自然圣境

    云南是我国自然条件复杂多样而又独特的边疆省份，其地理环境十分复杂，东部高原和西部山地在地形地貌上的差异，是云南地貌上的重要特征。云南地处青藏高原的南延部分，山地占总面积的84%，高原占10%，盆地（当地称"坝子"）占6%；地势大体上是西北高南部低，呈阶梯状递减，西北部为云贵高原地势最高带，海拔一般在3000—4000米，有许多终年积雪的高山，如玉龙雪山、梅里雪山、哈巴雪山等。境内的最高点是位于云南和西藏自治区交界的德钦县梅里雪山的主峰卡瓦格博峰，海拔6740米；最低点则是位于云南省东南部红河与南溪河交汇处，海拔仅为76米。整个高原地势由北向南大致可分为三个梯层：第一级梯层为西北部德钦、中甸一带，海拔一般在3000—4000米，许多山峰海拔达到5000米以上；

第二梯层为中部高原主体，海拔一般在2300—2600米，有3000—3500米的高海拔山峰，也有1700—2000米的低海拔盆地；第三梯层则为西南部、南部和东南部边缘地区，分布着海拔1200—1400米的山地、丘陵和海拔小于1000米的盆地和河谷。全省地形大致以大理、剑川间至元江谷地一线划分为东西两个部分，东部是地面崎岖不平、层峦叠嶂的云贵高原，西南部则地势趋缓，出现开阔河谷地带。云南的西部是横断山及其余脉盘踞的滇西纵谷区，山峰与峡谷间高差3000米以上，怒江、澜沧江、金沙江与高黎贡山、怒山、云岭、玉龙雪山自西北向东南呈平行状排列，进入云南中部形成帚状分布。云南多断层湖和山间盆地，较大的湖泊有滇池、洱海、抚仙湖和程海等。面积在1平方千米以上的坝子总面积达2.4万余平方千米。大坝子有80%位于海拔1300—2500米的地区，大部分在云南中部。这些坝子年温差小，降水量适中，是重要的产粮区，包括昆明、大理、玉溪、曲靖、沾益、陆良、宜良等坝子。位于海拔1300米以下地区的低地坝大都分布在云南南部。这些地方气候炎热，降水丰富，适宜水稻和热带经济作物生长。重要的坝子有景洪坝、橄榄坝、勐腊坝和元江坝等。

从大的地理区位上来看，云贵高原的形成与6500万年前印度洋板块与欧亚板块猛烈碰撞和持续挤压从而造成青藏高原及其东部的云贵高原大幅抬升紧密关联。因为特殊的地质构造运动，造就了云南独特的地理和生态地位，尤其是集中于云贵高原与青藏高原接壤的横断山区、澜沧江与怒江的分水岭，不仅是印度洋水系和太平洋水系的陆上分水岭，还是印度—马来西亚主要的植物群和中国（东亚）的主要植物群分隔的分界点。

高山多样的生态系统 （王石宝 摄）

　　地貌景观的多样是生态系统多样和文化多样的高度耦合。地貌景观的多样性也是绿美云南建设的重要基础，绿美云南建设尤其是城乡绿化美化必须融入特定的地貌景观中，体现出城村融于林、林融于景的独特之美。

生态系统多样

地球生态系统的缩影

　　生态系统多样性是一个地区生态多样化的尺度，包括不同的生物群落及其化学和物理环境的相互作用。生态系统多样性涵盖的是在生物圈之内现存的各种生态系统（如草原生态系统、森林生态系统、湖泊生态系统等），也就是在不同物理大背景下发生的各种不同的生物生态进程。云南地理、地貌、气候的复杂多样，孕育了生态系统类型的多样，堪称世界生态类型的缩影。"云南这块只占全国总面积 4% 的土地上，有着热带雨林季雨林、热带稀树灌木草丛（干热）河谷、各种亚热带常绿阔叶林、亚高山针叶林、高山草甸、高原湖泊、河流、岩溶山地等自然生态系统和人工林、农田等人工生态系统。除缺少典型的温带草原生态系统、典型的荒漠生态系统和海洋生态系统三个类型外，云南省几乎包括了全国所有的生态系统类型，其生态系统多样性堪称是全国的一个缩影。"①

　　云南森林生态系统以乔木为标志，主要有 169 类，占全国的 80%。分布特点是既有水平分布，又有垂直变化，反映出与其他省区所不同的独特性，可划分为热带雨林、季雨林、季风常绿阔叶林、思茅松林、半湿润常绿阔叶林、云南松林、温带针叶林、寒温性针叶林等类型。灌丛生态系统主要有寒温性灌丛、暖性石灰岩灌丛、干热河谷灌丛和热性河滩灌丛 4 种类型。草甸类型多样，分布广泛，主要分为高寒草甸、沼泽化草甸和寒温草甸 3 个生

---

① 许建初主编：《云南民族植物学与植物资源可持续利用的研究》，云南科技出版社 2000 年版，第 26 页。

态系统类型。境内还有与热带草原（稀树草原）外观极为相似的稀树灌木草丛，它是在原生森林长期受到砍伐火烧后所形成的一种次生生态系统。

生态系统的多样性也孕育了极其重要的物种多样性和基因多样性，不仅让绿美云南建设具有更多的可选择性和可能性，而且通过绿美云南建设，不断筑牢云岭大地人类生态系统的根基，将为保护和发展生物多样性奠定更深厚的基础。

碧罗雪山高山生态系统　　（和晓燕　摄）

生物物种多样

多样生物的摇篮

　　云南是北半球生物多样性最丰富的地区之一，是我国生物多样性最丰富的省份，是我国重要的生物多样性宝库和西南生态安全屏障。云南是11个生物类群、25000多种生物物种的家园，每个类群的物种数都接近或超过中国的一半。在地球历次冰川活动与全球气候变化中，云南成为动植物的天然庇护所，让很多在其他区域已灭绝的生物物种能够在云南遗存下来。云南植物和微生物种类数量及其特有种、孑遗种、古老物种均占全国第一位，因此云南素有"植物王国"的称号，为世界瞩目。在全国3万种高等植物中，云南占60%以上，列入国家一、二、三级重点保护和发展的树种有150多种。云南珍贵树种多，药用植物、香料植物、观赏植物等品种在全省范围内均有分布，故云南还有"药物宝库""香料之乡""天然花园"之称。2021年公布的第一批云南省主要乡土树种名录就有72科206属338种，其中有银杏、黄杉、苍山冷杉、中甸冷杉、长苞冷杉、大果红杉、华山松、高山松等，最著名的花卉有杜鹃、山茶、报春、龙胆、木兰、百合、兰花和绿绒蒿八大名花。樱花、杜鹃花、茶花、蓝花楹、银杏等植物塑造的独特景观大道已成为大家竞相追捧的网红打卡地。

　　生物多样性是云南发展的绿色源泉之一，云南丰富的物种多样性同时也蕴藏了大量珍贵的遗传基因多样性。中国生物多样性保护的云南实践已经化为"样本"，深植于生物多样性保护的每一个环节之中。

岁月悠悠，云南这片丰饶多彩的土地逐渐成为一个多民族共同繁荣发展的大家园。云南境内的横断山脉阻隔东西，但又贯通南北，这些高山峡谷很早就成为人类迁徙的走廊。早期的人类进入后，又被半封闭地形所隔离，不断分化出新的族群。云南各民族多样的文化和传统都与生物多样性紧密相联。文化传统源于自然，又与自然和谐共生，有效促进了云南生物多样性保护与可持续利用。多年来，云南积极建设生态文明，以一种师法自然的态度和像保护生命一样保护大自然的决心，推动生物资源可持续利用，不断把生物资源优势转化为维系云南4700多万人口生存发展的保障和优势。

生物多样性保护是绿美云南建设的基础，是最具生机与活力的部分。生物多样性提供了维系绿美云南的方方面面，支撑着绿美云南的自然物质循环和能量转换，在保持土壤肥力、涵养水源、稳定气候、降解污染、防止水土流失等方面发挥着重要作用，具有重要的生态价值；生物多样性为绿美建设创造了巨大的经济价值，一个重要的经济物种甚至可以支撑起一

蝇子草 　　（和晓燕 摄）

个国家的经济发展；生物多样性还具有重要的美学、文化、科教价值，为绿美云南建设提供了景观构建、美化环境、旅游观光、休闲康养等社会环境服务功能。绿美云南建设一方面要深化和拓展生物多样性的生态价值，促进文化多样性和生物多样性耦合，提升生态与人文有机融合之美；另一方面又要两头发力，以保护生物多样性的生态系统价值和生物安全价值为核心，以维护自然生态系统和人类生态系统的稳固连接为重要载体，大力提升生物多样性保护的层次和水平，努力筑牢西南生态安全屏障，为全人类留下珍贵的自然遗产和生态财富。

绿美之要

　　2015 年 1 月，习近平总书记考察云南，对云南作出了"努力成为我国生态文明建设排头兵"的战略定位。2020 年 1 月，习近平总书记再次考察云南，要求云南努力在建设我国生态文明建设排头兵上不断取得新进展。七年来，云南各族人民以争当全国生态文明建设排头兵为突破口，把习近平总书记的殷殷嘱托转化为实际行动。生态环境持续改善，制度体系不断健全完善，人民积极参与生态环境保护的意识增强，森林云南建设成效显著，建立以国家公园为主体的自然保护地体系，西南生态安全屏障更加巩固，绿色底色不断夯实，绿色发展动力不断增强，为绿美云南建设奠定了坚实的基础。

绿美云南建设的实践基础

　　云南地理位置得天独厚，绝大部分地处湿热多雨的亚热带气候区，独特的地形条件使得立体气候特征明显，适合多种林草资源的生长。云南从省情实际出发，认真践行习近平生态文明思想，贯彻落实党中央国务院重大决策部署，紧紧围绕努力成为全国生态文明建设排头兵的任务，打好污染防治攻坚战，推动森林云南建设，加强生物多样性保护，推动构建以国家公园为主体的自然保护体系建设，推动社会经济绿色低碳转型发展，以大工程带动大保护，以大保护促进大发展，实施了森林云南建设、"湖泊革命"、生物多样性保护等重点工程，推动生态文明建设取得质的飞跃。一批自然保护区、国家公园、湿地的绿化美化，装点了云岭大地的秀丽山川，将自然之美与人文之美融合彰显，因绿而美、因特而美、因多样性而美成为绿美云南的新时代内涵。在推动生态文明建设中积累的经验与做法，为绿美云南建设奠定了坚实的生态基础。

　　九大高原湖泊保护治理取得突破性进展。制定《中共云南省委、云南省人民政府关于深入打好污染防治攻坚战的实施意见》，修订九大高原湖泊保护条例，制定"一湖一策"保护治理行动方案，完善立法，依法治湖，打赢"湖泊革命"攻坚战。九大高原湖泊劣V类水体数量由 2015 年的 4 个减少到 1 个，完成 33 条黑臭水体整治。目前，九湖水质总体平稳向好，抚仙湖流域治理被自然资源部列入 10 个中国特色生态修复典型案例，洱海流域被纳入全国第二批流域水环境综合治理与可持续发展试点。

绿色底色鲜明，生态环境持续优化。为响应党中央、国务院的号召，云南大力推进重点区域森林城市建设，将其作为建设生态文明、构筑城镇生态保护屏障、促进绿色发展的重要载体。党的十八大以来，云南启动生态文明排头兵建设，通过不断推进"森林云南建设"工程，以"让森林走进城市、让城市拥抱森林"为宗旨，以创建国家森林城市为抓手，按照国家森林城市建设总体规划要求，大力开展国土绿化，切实加强森林资源保护，加快发展林业产业，积极传播森林文化，促进生态惠民，森林城市建设取得显著成效。目前，昆明、普洱、临沧、楚雄、曲靖、景洪 6 个城市荣获"国

报春花海　（李志纲　摄）

绿美之基

家森林城市"称号，建成国家森林乡村 235 个，省级森林乡村 1081 个。[①]城市建成区绿地面积达到 685.6 平方千米，人均公园绿地面积达到 11.67平方米。[②] 森林蓄积量和森林覆盖率均不断增加。

森林覆盖率从 2015 年的 55.7% 增加到 2020 年的 65.04%，增加了10 个百分点；森林蓄积量从 2015 年的 17.68 亿立方米增加到 2020 年的20.67 亿立方米，增加了 3 亿立方米。2021 年全省天然草原综合植被覆盖度达到 79.1%，有国际重要湿地 4 处，湿地保护率达 55.27%。以上生态环境指标均居全国前列。

生物多样性保护工作成效显著。生物多样性是衡量生态环境优劣的重要指标，是云南的一张靓丽名片，成功举办 COP15 第一阶段会议和世界环境司法大会，云南亚洲象北上及返回之旅成为全球人与自然和谐共生的典范。云南生物多样性保护走在全国前列，率先发布省级《生物多样性保护战略与行动计划（2012—2030 年）》，建立首个国家级野生生物种质资源库，开展生物多样性和生态系统服务价值评估、遗传资源及其相关传统知识获取与惠益分享等试点工作。2017 年，云南省在全国率先发布《云南省生物物种红色名录（2017 版）》，率先实施极小种群物种保护行动，2018 年颁布实施全国首个生物多样性保护地方性法规——《云南省生物多样性保护条例》。2020 年，在全国印发第一部《云南生物多样性》白皮书，不断完善自然保护体系，划建自然保护地 11 类，364 处，占全省总面积的14.32%，全省 90% 以上的重要生态系统以及 85% 的重点野生动植物得到了有效保护。[③]

云南具有率先实现双碳目标的有利条件。云南省能源资源丰富，能源结构主要以低碳的非化石能源为主，绿色能源装机占比、绿色发电量占比、

① 云南省林业和草原局：《林情通报》2021 年第 1 期。
② 中共云南省委、云南省人民政府印发：《云南省生态文明建设排头兵规划（2021—2025 年）》，云南发布 2022 年 5 月 20 日。
③ 《云南省发布创建生态文明建设排头兵促进条例实施细则》，《云南林业》2021 年第 10 期。

城在景中 （曹津永 摄）

清洁能源交易占比、非化石能源占一次能源消费比重均达世界一流水平。"十三五"以来，制定《云南省"十三五"控制温室气体排放工作方案》，在打造绿色低碳产业、低碳城镇化建设、低碳交通运输体系建设、低碳出行等方面重拳出击，全力打好污染防治攻坚战，力争打造全国"碳达峰、碳中和"示范省。截至2020年，云南碳强度较2015年下降25%，超额完成国家下达的目标任务。 "十四五"期间，云南省持续把碳达峰、碳中和作为生态文明建设的重要部分，充分发挥云南绿色能源、森林碳汇资源禀赋优势，印发《云南省"十四五"节能减排综合工作实施方案》，加速推

绿美之基

美丽乡村：泸西城子古村　　（刘镜净　摄）

进编制云南省碳达峰、碳中和行动方案，推动落实各重点行业制订碳达峰行动计划，让"双碳"目标与经济社会高质量发展、生态环境高水平保护高度协调统一。

　　城乡人居环境改善提升。以治乱、治污、治脏、拆违、增绿为重点，聚焦短板、精准发力。制订《云南省进一步提升城乡人居环境五年行动计划（2016—2020年）》《云南省农村人居环境整治村庄清洁行动实施方案》，乡村绿化全面提升，污水治理逐步完善，村容村貌明显改善，群众良好生活习惯逐渐养成。实施爱国卫生"七个专项行动"，整治城乡人居环境，城乡环境和面貌焕然一新。2019年11月，云南省人民政府办公厅印发了《云南省美丽乡村评定工作方案》，制定了5大类36项具体指标，明确了以产业兴旺为重点、生态宜居为关键、乡风文明为依托、治理有效为保障、实现群众生活富裕为根本的美丽乡村创建要求，为各地开展美丽乡村创建提供了行动指南和工作遵循。在牢固树立和践行"绿水青山就是金山银山"的发展理念的基础上，大力推进生态宜居美丽乡村创建，2021年共创建国家级农村人居环境示范县3个、省级示范县23个、省级示范村300个，评定省、市、县级美丽村庄1647个，广大农村的美丽建设发展，为绿美云南建设打底色、添亮色。① 新时代美丽乡村建设依然是绿美云南建设的重要抓手，要积极结合乡村振兴战略实施，宣传已建成的美丽乡村经验，坚持"增林扩绿、林果并重，改善生态环境、推动经济发展"的总体思路，努力打造绿树成荫，花果飘香的乡愁景观，建设"村美、兴业、家富、人和"的生态宜居美丽乡村。

美丽中国建设的云南实践，其核心在于基于生态文明建设的基本旨趣，通过美丽乡村、美丽公路、美丽河湖等关键抓手，不断纵深化推进云南生态文明建设。但其建设更偏向于美，对于如何实现美，建成什么样的美并没有进行重点关注。相较来看，绿美云南建设则明确了建设的路径是"以绿为美，因绿而美"，因而更多地强调生态性，绿是科学的生态的绿化，以绿的增加来稳固人类生态系统，紧密连接起自然生态系统和人类生态系统，生态系统的和谐才能由此而产生美。绿美云南建设基础良好，只要明确建设目标、途径、原则，上下一心，就能融天然景观于云岭大地，为人民营造鸟语花香、绿树成荫、碧波荡漾的工作和生活环境。

---

① 《评定1647个美丽村庄云南美丽宜居乡村建设成效显著》，云南网2021年5月24日。

绿色守望 （林森 摄）

绿美云南建设的制度基础

　　生态文明建设的制度体系正在形成，生态文明体制改革行稳致远。为深入推进生态文明建设，云南省委全面深化改革委员会下设生态文明体制改革专项小组，已累计出台和完成140项改革事项，基本构建了涵盖云南生态文明领域的建设、保护、治理、管控、执法、责任、产权、补偿8大类制度，为推动云南生态文明排头兵建设提供了制度保障和发展动力。2020年7月1日，《云南省创建生态文明建设排头兵促进条例》施行，标志着创建生态文明建设排头兵工作进入了规范化、法制化轨道。这是云南省生态文明建设领域首部全面、综合、系统的地方性法规。生态文明建设的经验和做法为绿美云南建设在制度、治理等方面提供了富有启迪意义的借鉴。

　　在绿化方面，2016年制定出台了《云南省人民政府办公厅关于加快推进全省城乡绿化工作的实施意见》，大力增加绿色植被面积。2020年，印发《云南省美丽河湖建设林业和草原行动计划(2020—2023年)》，2021年，印发《云南省人民政府办公厅关于科学绿化的实施意见》和《云南省人民政府办公厅关于加强草原保护修复的实施意见》，科学有效推动云南省国土绿化向生态修复转变，植树造林向护林育林转变，绿起来向美起来转变。

　　在生态环境保护和污染防治方面，在全国率先出台生物多样性保护地方性法规——《云南省生物多样性保护条例》；出台中国大陆首部国家公园地方性法规——《云南省国家公园管理条例》；先后出台《云南省大气污染防治行动实施方案》《中共云南省委、云南省人民政府关于全面加强生态环境保护坚决打好污染防治攻坚战的实施意见》《云南省环境保护条例》《云南省赤水河流域保护条例》《云南省重要生态系统保护和修复重大工程总体规划（2021—2035年）》等，涵盖了空气、水、土壤、森林、湿地、湖泊、生物多样性保护等诸多方面，涉及自然资源保护、环境污染防治、绿色产业发展等，积极发挥立法在环境保护和治理方面的引领作用。

实施河长制、湖长制、林长制，构建起治理责任体系。云南省先后出台《云南省全面推行河长制的实施意见》《云南省全面贯彻落实湖长制的实施方案》《全面推行林长制实施意见》等制度，首创并完善了五级河长制与生态补偿量化结合的管理体系，构筑全方位执法监管网络和联合查处机制，主要责任目标由水质提升向水环境综合治理以及江河湖泊环境绿化美化拓展和深化。创新建立湖泊治理新机制，积极推进"一湖之治"向"流域之治""生态之治"转变。率先实施、落实林长制。省级成立林长制领导小组，由省委书记和省长担任省总林长，建成从省到村五级林长体系，设立各级林长36999人。实现党委领导、党政同责、属地负责、部门协同、全域覆盖、源头治理的长效责任体系。全省齐抓共管生态环境保护的局面基本形成，促进了生态环境的可持续发展。临沧市临翔区乡建立了"六长"共治机制，任命相应的河长、湖长、路长、街长、园长、山长，建立全覆盖无缝隙的"六长制"管理模式，形成齐抓共管的良好局面。

保护生态环境必须依靠制度、法治。只有实行最严格的制度、最严密的法治，才能为生态文明建设提供可靠保障。云南建立了生态环境执法和责任追究制度。创新监管执法手段，采取"联合执法＋同步整改＋精准服务＋环保普法"模式，组织对各州市开展生态环境联合执法检查，全面推行云南省领导干部自然资源资产离任审计，出台党政主要领导干部自然资源资产离任审计评价办法，率先在全国构建了自然资源资产离任审计空间大数据分析业务平台。制定《云南省生态环境保护督察实施办法》，构建制度化、规范化环境保护督察整改机制。

党的十八大以来，云南积极践行习近平生态文明思想，加强对生态文明建设的全面领导，把生态文明建设和生态环境保护摆在全局工作的突出位置，生态文明法律和制度体系不断完善。坚持生态立省，保护优先，推进山、水、林、田、湖、草、沙一体化保护和系统治理，强化生态环境保护和修复，统筹资源合理开发利用和保护，守护好云岭大地的生灵草木、万水千山。在思想观念上一直以绿色作为底色和引领，在此过程中，云南结合本土的优秀传统生态文化探索出了很多在全国都属于首创的典型经验和做法，形成了创新性较强的制度和治理支撑。

白马雪山生态系统 　　（和晓燕　摄）

绿色林海　（林森　摄）

绿美云南建设的文化基础

　　世界花园的美丽与芬芳，是云南各族人民在长期的历史实践活动中结出的硕果，4700万云南各族人民倍加珍惜。特别是党的十八大以来，在贯彻落实中央对云南的战略定位与重大决策部署中，云南的生态环境总体上持续向好，世界花园山水之美、生物多样性之美、和谐之美、与周边地区的美美与共等方面更加凸显着她毓秀与雄奇交织、人文与自然辉映的大美。放眼未来，在绿美云南建设的实际行动中，云岭大地各族儿女将继续鼓足干劲，一代接着一代建设美好宜居家园，云岭大地必将展现世界花园彩云南的壮丽画卷，谱写人与自然和谐共生的华美篇章。

　　人民群众是绿美云南建设的主体，他们的思想观念直接决定了绿美云南建设的成效。云南生态环境多样性异常突出，各民族对应的生态环境多样，与其相适应的生计模式多样，由此形成的生态文化系统也是极其多样的。各民族传统生态

绿美之基

文化的现代价值主要集中体现在四个方面，其一是在处理人与自然关系方面的基本立场和观念，即敬畏自然的生态观念；其二是对管理人与自然关系方面的基本方式，即生态与社会文化整合的管理模式；其三是维护生命安全，防范自然灾害的方式；其四则是对人类处理与自然关系的知识体系的丰富和完善。在很多少数民族的生态文化中，其生存的生态环境与社会

文化是高度耦合的，而不是相互剥离甚至对立的两个方面。因此，在他们的传统知识中，不仅对生态、环境的认知是与文化紧密耦合，而且对于生态环境的管理模式和方式，也是与文化紧密联系的整体。

云南许多少数民族的传统知识中将"林业"与"农业"作为一个整体看待的观念与做法和现代社会所推崇的"村社林业"理念相吻合。对于当

白族妇女在劳作　　（张云霞　摄）

绿美之基

高原绿美乡村 　　（和晓燕　摄）

地人来说，森林是他们生存的基础，他们不仅利用天然林，也在村寨之中和周围种植树木、竹子而加以利用，并按树木（森林）的功能进行分类加以管理，形成了所谓的寨神林、神山林、坟山林、水源林和薪材林等。同时，对森林进行管理主要靠宗教的力量和村规民约，缺乏专门的森林管理者，即便有的村寨中有"护林人""管山员"也都是从寨民中产生的兼职人员，他们既从事粮食种植，又从事植树护林。由此可见，20 世纪 80 代由联合国粮农组织提出的"村社林业"的思想和做法早已深深融入中国许多少数民族的文化之中，并被娴熟地运用于生产实践，这对当今中国美丽乡村的建设和可持续发展具有重要的借鉴作用，[①] 也是绿美云南建设的重要的生态智慧来源。

　　在许多少数民族传统知识中，山水林田湖草本来就是一体的，这与总

---

① 崔明昆：《传统知识与可持续发展》，《原生态民族文化学刊》2018 年第 3 期。

书记提出的"山水林田湖草一体化"的生态文明建设思路是异曲同工的。傣族谚语云"没有树就没有水、没有水就没有田、没有田就没有人"，壮族和侗族谚语云"无山就无树、无树就无水、无水就无田、无田不养人"，寥寥数语便揭示了人类与山和森林的共生关系。我国西南山地民族多呈垂直分布，高低地民族处于不同的生态位，适应不同的自然环境、利用不同的自然资源、经营不同的生计，共享公共资源，各自为生互通有无，多民族何以能避免资源等的纷争而和谐相处？因为他们懂得只有人类的和谐才有人与自然的和谐，所以他们的人类起源传说大都有各民族是同祖同源弟兄的故事。例如云南许多民族崇拜葫芦，因为据说是葫芦孕育诞生了不同民族兄弟。在这里，人与生态、文化与生态向来都是一体不可分的，而不是割裂开的，更不是对立矛盾的统一体。这是对于我们当前环境问题的治理和环境危机的解决有着重大参考和借鉴意义的重要管理方式。在许多少数民族中，无论过去、现在还是未来，人与人、人与自然的和谐共生都是终极追求的目标，生态文明和生态文化建设的核心的内涵就在于此。①

"世界花园"是习近平总书记对云南生态文明建设的新描绘，为云南生态文明排头兵建设指明了新方向，提出了更高要求。世界花园是基于云南的生态环境特点和生态资源禀赋，在尊重历史和充分肯定云南生态文明建设成效基础上对云南的准确定位和新描绘，既是对云南生态文明建设取得成就的充分肯定，也是对未来云南生态文明建设的新擘画。云南省委、省政府坚决贯彻执行习近平总书记的重要讲话精神，2020年5月，世界花园被写入《云南省人民政府工作报告》："守护好我们的蓝天白云、绿水青山、良田沃土，让'动物王国''植物王国''世界花园'的美誉更加响亮。"2021年1月，世界花园再次被写入《云南省人民政府工作报告》，

① 尹绍亭：《人类学的生态文明观》，《中南民族大学学报》（人文社会科学版）2013年第2期。

绿美之基

云南要全力打造"动物王国、植物王国、世界花园"生态品牌,通过办好联合国《生物多样性公约》第十五次缔约方大会,展示生态文明建设排头兵成效,展示生物多样性保护成果。

党的十八大报告将生态文明建设纳入"五位一体"总体布局,充分彰显了生态文明建设的重要性。绿美云南建设是云南践行习近平生态文明思想,以可持续发展为目标,构建人与自然和谐共生的生命共同体的重要行动,也是把云南建设成为世界花园的重要举措。世界花园是习近平对云南生态文明建设的新描绘,为云南建设成为我国生态文明排头兵指明了新方向,提出了更高要求。从最美丽省份到世界花园再到绿美云南具有一脉相承的内在逻辑体系。建设绿美云南,强化世界花园的绿色底色,是推动世界花园建设的关键一环,也是云南生态文明建设迈上新台阶的关键助力。因此,全方位、多层次、多领域、立体化进行绿美建设极为重要。当前云南绿化美化建设已经具备了良好的生态环境基础、制度基础和观念基础,但仍需要进一步巩固和拓展,有机融合生态文明建设以及美丽乡村、美丽公路、最美河湖等建设取得的成果和经验,全面推进绿美城市、绿美山川、绿美校园、绿美工矿园区、绿美景区建设,推动全省生态美、环境美、城市美、乡村美、山水美、人文美成为普遍形态,推动云南生态文明排头兵建设迈上新台阶,建成梦之所向、心之所往的世界花园。

杜鹃花海 　（王石宝　摄）

之魂 绿美

　　"民惟邦本，本固邦宁。"坚持以人民为中心的发展思想，以人民幸福为目标，从人民群众根本利益出发，真心实意为人民群众办实事，不断提升城乡人民群众的感知度、认可度和满意度，是绿美云南建设的根本出发点和落脚点。绿美云南建设必须牢固树立绿美为了人民、绿美依靠人民、绿美造福人民的理念。坚持把人民对良好生态环境的需求作为奋斗目标，把是否实现人民对良好生态环境的期望作为检验标准；坚持共治共建共管共享，充分调动广大干部群众的积极性，激发全社会参与绿美建设的积极性、主动性和创造性；坚持惠民利民，打造城乡各美其美的绿美家园、发展富民绿美产业，让城乡绿化美化成果惠及全省人民。

第一节
绿美为了人民

习近平总书记指出，人民对美好生活的向往是我们党的奋斗目标，要着力解决人民群众最关心最直接最现实的利益问题。良好生态环境是人类全面发展的基础和保障，是新时期人民美好生活需要的重要内容。随着物质文化生活水平不断提高，人民群众对生态产品的需求越来越迫切，对生态环境的要求越来越高，既要生存又要生态，既要温饱又要环保，既要小康又要健康，既要绿化更要美化。云南省开展绿化美化，旨在提供更多优质生态产品以满足人民日益增长的优美生态环境需要，顺应了人民对美好生活的向往，是一项重要的民心工程。

绿色，已经成为大姚县发展的底色。大姚县把"绿水青山就是金山银山"理念转化为滇中大地的生动实践，先后荣获国家卫生县城、国家园林县城、国家"绿水青山就是金山银山"实践创新基地、全国文明城市提名城市、全国森林康养基地试点县、省级民族团结进步示范县、省级先进平安县、云南省首批美丽县城、全省"一县一业"核桃产业特色县，走出了一条"生态美、产业绿、百姓富"的可持续发展之路。

产业为富民之基。大姚县坚持人民至上，大力发展绿色产业，探索"五化"模式，做广绿林产业；依托科技兴产，做强绿农产业；推动转型升级，做新绿能产业；强化融合发展，做美绿旅产业。大

绿色大姚　　（李伟俊　摄）

力发展特色产业，以绿为底色，大力发展特绿产业，大姚县"一乡一业、一村一品"已初具规模，2020年10月，国家生态环境部发布第41号公告，大姚县被命名为全国第4批"绿水青山就是金山银山"实践创新基地，成为云南省2个上榜县之一。三台乡实施的"五化联动、农林双赢"的三台绿色银行转化模式；石羊镇大中村蚕桑产业户均收入上万元的绿色生态发展模式；六苴镇全力推动"公司＋合作社＋基地＋农户"的四位一体百合种植模式等。

　　走绿色生态之路，金山银山来，绿水青山仍在。大姚全县森林覆盖率达71.83%，县城建成区绿化覆盖率达34.35%，市政道路绿化普及率95.6%，大姚县成功被省政府命名为全省"美丽县城"，成为一座城乡宜居、景色宜人的魅力县城。

蚕桑等绿色产业 （张从华 摄）

　　时代是出卷人，我们是答卷人，人民是阅卷人。人民群众是绿美行动的阅卷人。"天视自我民视，天听自我民听。"党的一切工作，必须以最广大人民的根本利益为最高标准，人民拥护不拥护、赞成不赞成、高兴不高兴、答应不答应是衡量一切工作得失的标准。检验绿美行动的成效，最终要看云南各族人民是否真正得到实惠，人民生活是否真正得到改善，人民权益是否真正得到保障。坚守人民情怀，坚持绿美为民，察民情接地气，紧紧依靠人民才能不断造福人民，提升人民群众获得感、幸福感。

　　通过绿美建设，云南将着力探索符合云南实际的城乡绿化美化建设路径和发展模式，构建各美其美、美美与共的生态体系，彰显高质量绿美云南的发展"气质"，扮靓高质量"七彩云南·世界花园"的生态颜值，努力建成美丽中国新标杆、样板示范区。

绿美依靠人民

习近平总书记指出："每个人都是生态环境的保护者、建设者、受益者，没有哪个人是旁观者、局外人、批评家，谁也不能只说不做、置身事外。"绿美行动的力量来自人民、绿美的智慧出自人民，绿美云南建设离不开每一个云南人的努力。4700万人共同努力，就能迸发出绿美建设的磅礴力量。绿化美化，人人有责、人人尽责，人人植绿护美，绿美惠及人人，绿美行动必须相信人民、依靠人民。

人民群众有着无尽的智慧和力量，绿美云南建设要充分调动广大人民的积极性、主动性、创造性，凝聚起众志成城的壮阔力量。没有广大人民群众的积极支持和参与，绿美行动不可能取得成功。无论遇到任何困难和挑战，只要有人民支持和参与，就没有克服不了的困难，就没有越不过的坎。每年植树节，越来越多的人拿起铁锹，种下绿色希望，凝聚环保意识，正是这样日渐强烈的社会共识让云岭大地的版图越来越绿。绿美行动，需要尊重人民群众的首创精神，激发蕴藏在人民群众之中的不竭力量，发挥人民群众的聪明才智，绿化美化扎根于人民群众的创造性实践之中。

共建共治绿美家园。绿美云南建设，需要政府、企业、社会组织和个人的广泛参与，全省每一个州市、每一个部门都是一块拼图。要充分发挥群众主体作用，广泛动员群众积极主动参与绿美建设，坚持问需于民、问计于民、问效于民。要贴近群众生产生活，充分激发居民"主人翁"意识，开展全民绿美行动，离不开每一个人的努力，全民动员，全民参与，就能汇聚成种树种草大军的滚滚洪流。

石屏县大桥乡围绕"绿色、生态、人文、宜居"元素，倡导"田园风光是农村最美的风景，蔬菜林果是农村最好的绿化"建管理念，调动村民参与规划、参与拆除、参与建设，坚持因地制宜、把拆临拆危与村庄规划建设、绿化美化相结合，利用整理出来的闲置地和家庭院落，广泛种植适宜的瓜果蔬菜、绿化苗木等，将房前屋后打造成为小花园、小果园、小菜园，形成了"可食用、可观光、可美化"的最佳效果。

石屏县探索出一条以"五小三公一体系一产业"为带动的农旅发展融合新路径。通过引进种植石斛花，打造以鲜花、绿树、溪流、叠水等元素结合的石斛生态廊道，推广利用火龙果夜间灯光催长的农业技术，展示连片的火龙果夜花夜景，形成以火龙果种植为主，集"田园风光、采摘体验、休闲养生"为一体的"小型田园集合体"乡村旅游产业体系，带动了农产品销售，提升了农业附加值，拓宽了农民增收渠道。

绿美云南建设要凝聚人民共识，发挥人民群众的聪明才智。从领导干部率先垂范到人人动手，年年植树、久久为功；从绿色生产到绿色生活，让"绿美"理念融入群众日常生活，不断拓展"绿美"的外延和内涵，让爱绿、植绿、护绿成为全民自觉行动，让云南一天比一天绿，一天比一天美。

建设绿美云南从植一棵树开始。多栽一棵树、多养一盆花、多种一片草，都是为绿美做一份贡献。今天，我们种下的既是绿色树苗，也是彩云之南的美好未来，我们要一年接着一年干、一代接着一代干，全省全社会人人动手，从自己做起、从现在做起，每人植几棵，每年植几片，年年岁岁，日积月累，云岭大地绿色就会不断多起来，山川面貌就会不断美起来，人民生活质量就会不断高起来。

石屏乡民展笑颜 （杨勇 摄）

第三节
绿美造福人民

习近平总书记指出："良好生态环境是最普惠的民生福祉，坚持生态惠民、生态利民、生态为民，重点解决损害群众健康的突出环境问题，不断满足人民日益增长的优美生态环境需要"。绿美云南建设，发挥着生态环保、休闲游憩、景观营造、文化传承、科普教育、防灾避险等多种功能。绿美行动功在当代、利在千秋，是一项重要的民生工程。

生态环境属于所有人，惠及所有人，由人民共享。宜人的气候、新鲜的空气、清洁的水源、舒适的生产生活环境，具有明显的非竞争性、非排他性、普惠性和公平性。人们的生活须臾不能离开生态环境，人每时每刻

澄江抚仙湖　　（徐万林　摄）

都需要呼吸空气，日常生活离不开淡水和食物。人类发展离不开物质条件，农业生产需要适宜的土地、充足的阳光、合适的温度、充足和无污染的水源，工业生产需要矿石、木材、煤炭、石油、电力等资源和能源。自然如果遭到系统性破坏，人类生存发展就会成为无本之木、无源之水。生态环境既不能由某个人或某个群体专门享有，也不能把个人或某个群体排除在外。人类只有地球这个唯一的家园，生活在地球这个同一的生态环境中，同呼吸、共命运，每个人都是生态环境的受益者。

"绿水青山就是金山银山。"环境就是民生，青山就是美丽，蓝天也是幸福。绿美就是生产力，绿美就是竞争力，绿美就是影响力。以绿美修复生态环境，以绿美造福万千人民。

长期以来，澄江市深入贯彻习近平生态文明思想，牢固树立"绿水青山就是金山银山"的发展理念，确立"生态立市"战略，坚持走"生态优先、绿色发展"的高质量发展新路子，形成以全流域治理统领经济社会发展全局，筹推进山水林田湖草系统治理，着力重点实施"湖泊革命"。2021年8月，澄江市成立以市委书记、市长为指挥长的抚仙湖"湖泊革命"指挥部，构建了横向到边、纵向到底的市、镇、村、组四级指挥体系，将抚仙湖治理上升为党委政府统领治湖的新高度。坚持人民至上，重点突出宣传引导，营造全民参与爱湖治湖的氛围浓厚和舆论导向，不断推动习近平生态文明思想深入人心，成为全社会共识和行动，携手全市人民共建共享绿美新成果。

澄江坚持"生态立市"的成效逐渐显现。自"湖泊革命"以来，澄江市投资 4.17 亿元开展抚仙湖全流域截污治污及健康水循环，清理河道湿地垃圾 1.04 万吨、淤泥 7.36 万立方米、残败水生植物 5960 吨，收处市内餐厨垃圾 4058.85 吨，修复废弃矿山 7 座、恢复生态地块 175.77 亩。绿美河湖、绿美城市、绿美园区……郁翠葱茏的景象随处可见。优美生态、魅力人文，吸引着大量闲散游客前往澄江微度假，2021 年澄江市累计接待游客 334.26 万人次、实现旅游收入 35.98 亿元。澄江旅游业的恢复，带动吃住行游购娱等多元业态，促使大量人口就业、提升居民收入，扎实推动澄江实现共同富裕。

人的命脉在田，田的命脉在水，水的命脉在山，山的命脉在土，土的命脉在林和草。绿化美化对调节气候、保持水土、减少污染、美化环境、促进经济社会发展和提高人民生活质量起到重要作用。

哈尼梯田　　（秦会朵　供图）

文山州文山市不断加快园林绿化品质提升行动步伐，以城区绿化带微景观改造和城区街头绿化品质提升改造为突破口，完善城市绿地综合功能，为创建美丽县城和国家级园林城市奠定基础，让推窗见绿、出门游园成为市民美好生活的现实场景。

良好的生态环境是营商环境的重要内容。保护环境和发展经济相互促进，通过绿美云南建设，可以吸引更多人来云南旅居，吸引更多资本投资云南，促进云南经济发展。随着整体经济实力的增强、物质生产的富足以及人们生活水平的提高，影响民生福祉的生态环境因素将会越来越突出。对于人民群众来说，绿色生活的实现和美丽家园的建设正是自身幸福感、获得感和满足感不断增加的现实体现。梯田点"绿"成"金"创富民产业。"守着梯田就能过上好日子，大家种田护田的积极性更高了！"一大早，云南红河州元阳县新街镇大鱼塘村村民们正扛着锄头，来到自家梯田里开始劳作。只要勤劳肯干，守着绿水青山一定能收获金山银山。红河州在保护哈尼梯田的同时，着力让村民增收致富。推广"稻鱼鸭"综合种养模式，使传统农业单一的水稻收益转变为水稻（红米）、梯田鱼及泥鳅、梯田鸭及鸭蛋的综合收益，实现"一水三用、一田多收"，探索建立了"公司＋基地＋合作社＋农户＋互联网"种植生产经营模式，开发出红米早餐粉、红米酒等系列产品销往全国各地，让梯田产值变成了村民看得见的"面值"。

人民望得见山、看得见水、记得住乡愁的良好环境，为老百姓留住鸟语花香田园风光，既是让群众共享发展成果的必然要求，也是增进民生福祉的题中应有之义。优美生态环境是人民美好生活的体现，把生态环境打造得更优美，更好回应人民群众追求高品质生活的呼声，更好满足人民群众对生态环境的新期待。夕阳映照下，五彩斑斓的梯田与种田人幸福的笑脸交相辉映，哈尼人世代守护的"绿水青山"转化为"幸福靠山"。"正月来到了，山野的鸟兽动起来了；松林鹧鸪飞，草丛鹤鹊叫，山上马鹿跃，

哈尼梯田　　（秦会朵　供图）

山凹草豹叫······"村民们唱着《哈尼族四季生产调》，跳起哈尼乐作舞，哈尼梯田上的日子越过越红火！

美好的生活，从来不止于经济，还在于舒适的人居环境、普惠的生态产品让森林走进城市，让绿色遍布乡村，让河湖扮靓山川，彩云之南的山山水水将闪耀更加悦目的颜色，未来生活将展现更加动人的图景。云南实施绿美行动，坚持以人民为中心，牢固树立生态为民、生态利民、生态惠民理念，积极构筑科学发展的格局之美、珍惜山川河湖的自然之美、回归资源节约的朴素之美、追求人文风化的制度之美。绿美建设将持续开展国土美化绿化，因地制宜，科学规划，奋力打造宜居宜业宜游的云南样板，让绿化美化建设成果惠及全省人民，同时，兼顾生态效益和经济效益，加快提升绿美云南知名度，提高"七彩云南·世界花园"美誉度，使云南的美丽、云南的魅力得到更好展示，有效提升旅居云南品牌吸引力，使云南全域旅游建设取得积极成效。

以人民为中心，就是要人民过上绿色生活，住进美丽家园。绿色美丽家园是云岭儿女孜孜以求的奋斗目标。逐绿而行的宽广道路上，厚植绿美理念、全民参与，上下一心共同爱绿护美，努力把城市乡村建设成为让人流连忘返的绿美家园。让全省人民共享生态之美、生命之美、生活之美，让云岭大地成为安放身心的诗意栖居之地。

绿美之基

之路

绿美

　　绿美云南建设应坚持以人民为中心的发展思想，满足人民对美好生态环境的需要，做好顶层规划设计，优化方案，尊重民意民主决策，讲究科学性、专业性和技术性，杜绝形式主义，树立一批绿美建设的样板，与新型城镇化、基础设施建设、乡村振兴、全域旅游、生态文明和精神文明建设等结合起来，全民参与共建共享，让大地披上绿装，让诗意的栖居成为人们的日常，稳步有序向前推进绿美云南建设，实现城乡绿化美化目标。

第一节
以科学理性融入绿美建设

　　绿美云南建设必须讲究科学性、专业性和技术性。在倡导全民参与共建共享的同时，在顶层设计上要坚持"专业领域让专业的人来做"，凸显城乡绿美建设的最大成效，让优美环境与和谐景观布局提升人民的获得感、幸福感。

佤山秘境龙潭湖　　（曹津永　摄）

科学是基础

开展绿美云南建设，在总体的生态要求上，坚持以人民为中心的发展思想，坚持保护优先、自然恢复为主，人工修复与自然恢复相结合，遵循生态系统内在规律开展林草植被建设，着力提高生态系统自我修复能力和稳定性，持续改善城乡人居环境。

绿美云南建设，既要科学规划全省一盘棋的宏观格局，也要实现区域性因地制宜的实施细则。各地、各相关部门要按照与自然环境条件相适应、与生态资源和特色风貌相协调、与城乡居民美好生活需求相契合的总要求，编制十年期绿化美化规划，合理确定实施范围、主要目标和实施举措。规划编制应广泛听取公众意见，并充分考虑可行性。根据各地地理区位、自然禀赋、生态环境、民俗风情、经济社会发展情况，科学编制绿美规划，城乡联动，优化城乡绿化美化空间布局，精心设计绿美方案。在生态上，尽量使用与当地气候相适应且以云南本地树种为主的绿化植物，经过充分评估适当引种、驯化、栽种外来树种和花卉，考虑景观植物的季节性和层次性，让人们在不同的季节都能观赏到不同植物的美丽身影。考虑到极端天气的影响，温带地区不适宜大规模种植热带地区的树种与花卉。尊重科学和专业精神，遵循自然规律，以林学、园林学、生态学和系统工程的原理为指导，发挥云南生物多样性优势，构建乔、灌、草相互结合，叶、花、果相互搭配的近自然生态群落，打造多元共生、安全稳定的生态系统，城市应更加注重宜居和历史文脉传承，不断提升绿化覆盖率；乡村则应更加

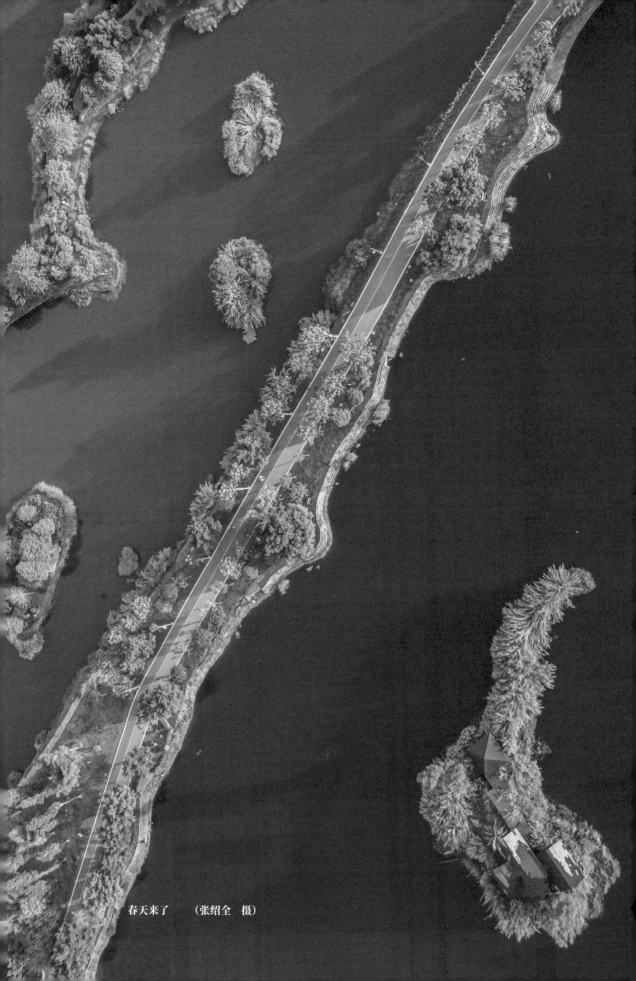

春天来了 （张绍全 摄）

注重规划布局，遵循自然肌理和村寨文脉，建设布局合理、环境整洁、乡风文明、民俗特点鲜明的美丽乡村；一批美丽河湖、美丽公路、美丽铁路，在推进全域旅游过程中，都在展现云南群山叠翠、四季飞花、清水绿岸的秀美山水。在绿美云南建设中，在城乡、湖泊河流沿岸、交通沿线、建筑周边等地，依据不同的环境、地形、气候等，应因地制宜，适地适绿，实行乔木、灌木、花卉、草类有机融合、布局，种植不同的植物，形成城在林中、村在画中、路在绿中、房在园中、人在景中的多层次、多格局交相辉映的绿化景观，让城乡家园充满生机活力。

植树造林应注重生物多样性，从长期来看，人为大力推广种植单一树种，势必会带来负面效应，应引起高度重视。坚持生态效益优先，兼顾经济效益和社会效益，适当发展一些经济作物。此外，在立地条件较好、地势较平坦的山坡地，选择当地"名特优"竹、藤、经济林、果等营造生态经济型林，可在实现生态效益的同时，获得一定的经济效益，有利于实现可持续发展。

专业是核心

精心开展绿美设计。各地要按照云南城乡绿化美化建设导则要求，邀请具有相应资质和良好业绩的机构进行绿化美化方案设计，绿化美化项目主管部门须会同相关职能部门对方案进行审核把关。各地城乡规划委员会要将绿化美化纳入建设项目的重点审查内容。按照《云南绿化美化植树指南》要求选择树种、进行种植管护，优先保护利用原生植被，尽可能建设能够自维持或低维护的植物景观。新建项目所使用植物要遵循适地适种原则，乡土植物种类占比不低于50%、数量占比不少于80%。对增绿提质和景观提升的项目，要充分尊重民意，突出当地特色；对社会普遍关心且政府主导的重大绿化美化项目，须经过严格科学论证，广泛听取各方面意见建议。

发挥省内外高校、科研院所和企业科研优势，加大科研投入力度，加快科研技术攻关，强化科技对绿化美化的支撑作用，搭建与绿美云南相关的科研创新平台。开展园林植物种质资源调查、筛选与收集，摸清全省园林植物、特色经济林草种质资源家底。实行重点攻关项目"揭榜挂帅"，开展种苗繁育、新品种培育、重大有害生物防控、城市绿地系统构建、湿地生态修复、城市森林碳汇等项目研究。鼓励产、学、研建立紧密合作机制，加大知识产权保护力度，提高技术转移转化效率，让先进科技服务于绿化美化全链条高质量发展。

鼓励"企业＋科研院所＋农户"等合作模式发展，培育发展从研发生产到应用推广的全产业链；大力发展规划设计、建设管养、综合服务、生态旅游、森林康养、科普研学、文创科创及系统性方案服务等关联产业；科学发展特色经济林果、林下经济等绿色富民产业。引进一批技术先进、带动力强的知名苗木企业，打造一批成规模、有特色的云南苗木品牌。分区域建设一批专业化、规范化、标准化特色苗木基地和省级保障性苗圃。建立区域性苗木交易中心，搭建和完善苗木网上交易平台，引导以需定产、订单育苗、就近育苗。

此外，要创新建营管护模式。通过对接国家相关政策，引导金融资金和社会力量加大投入，探索生态价值实现机制等途径，推动政府、市场、社会分工协作，创新形成市场化、可持续的建营管护模式。

技术是关键

澄江抚仙湖　　（徐万林　摄）

　　绿美云南建设在宏观上要把握好以下技术原则：一是适地适树原则。立地条件与所选择的绿化美化建设树种特性相适应，绿化美化建设必须了解和掌握造林地的立地条件和造林树种的生物学、生态学特性，使植物生态习性和绿化造林地的生境条件相适应，达到树和地的统一。二是优先选择乡土树种原则。充分合理利用各地丰富的乡土植物资源，选用地方特色的绿化植物展示各区域特有的生态景观。同时也可选择乡土树种和优良外来树种构建多树种、多层次、多结构、多色彩、多功能、多效益的生态景

观。三是遵循节地、节水、节能原则。提高绿化效能，降低养护成本，建设节约型绿化，用生态学理论指导城镇、园区、校园绿化建设，充分发挥植物的生态功能。绿化植物选择应以地带性乡土植物为主，凸显地方特色，兼顾植物多样性，充分利用现有条件，因地制宜，就地取材。四是遵循以人为本的原则。在道路景观绿化设计中要做到以人为本。在总体规划中控制详细规划的景观设计，各种服务性设施的配置要从人文的角度出发，满足人的心理和生理要求，自始至终体现人文关怀与人本位的精神。江、河、湖绿化美化建设以"河畅、水清、岸绿、景美"为原则。兼顾提高河湖抗洪防浪能力及生态、经济和社会效益，做到绿化、美化与防护相结合。五是道路与绿化景观的整体性和统一性原则。路域绿化美化建设应合理选择具有代表性的基调树种和主干树种，确保道路绿化景观设计与整个区域的自然植被风格和谐统一。

此外，根据建设地区气候类型、立地类型选择相应的树种，采用相应的技术标准及规范，做到"乔灌草花"有机融合，突出层次和特点。

以节约务实推动绿美建设

绿美建设是一项长期的系统工程，应分步推进，量力而行。实施绿美建设，必须始终坚持以人民为中心的发展思想，在这个大前提下，要遵循不浪费、不砍树、不搞运动、不搞形式的"四不"原则。

节俭推动绿美建设

乡土树种 　（王贤全　摄）

从节约的角度来看，各地均应使用多年生或者木本类的花草，一旦确定了，不应频繁更换。在尊重自然的前提下，城镇绿化建设时应当根据当地的条件进行，尽量避免对环境产生大规模的破坏，应当合理运用现有的本土植物资源，将人造景观与自然景观有机融合起来，使城镇绿地的格局更加自然、更具亲和力。乡村绿美规划要按照乡村振兴战略要求，推动生态宜居建设，不挖山填湖、不破坏水系、不砍老树，顺应自然地理格局与肌理。

绿美之路

　　气候和立地条件类型是绿化造林和抚育管理的主要影响因素，结合云南北热带、南亚热带、中亚热带、北亚热带、南温带5种气候带类型和1种干热河谷类型，因地制宜开展绿美建设。由于气候及固有生态习性不同，植物生长有着明显的自然地理差异。植物种类不同，其形态、叶、花、果也不同，这样就造成了丰富多彩、各具地域特色的植物景观风格。由此，因地制宜，结合区域气候环境特征更有利于打造城市景观多样性，最大程度保障绿植的成活率和合理的生长速度，最大限度节约降低种植和养护成本。乡村绿化应遵循实用性、观赏性、食源性、多样性原则，见缝插树，应绿尽绿，广植乡土植物，凸显云南乡村植物多样性特色。

务实推动绿美建设

　　城乡绿化美化建设是一项长期任务，既是民生工程，也是民心工程。绿美建设的基本原则之一就是秉持"以人为本，绿美惠民"。坚持把人民对良好生态环境的需求作为城乡绿化美化行动的出发点和落脚点，体现在规划设计、建设管护等各环节、各方面；不搞形式、不搞运动、不砍树、不浪费，实实在在推进城乡增绿添美和改善人居生态环境；坚持共建共管共享，让城乡绿化美化建设成果惠及全省人民，不断提升人民群众的感知度、认可度、满意度。各地要根据十年规划和三年行动计划，根据本地自然生态条件和现有基础，分类分步实施，既要积极作为、能快则快，又要稳扎稳打、量力而行，尊重自然规律，坚决反对"大树进城"等急功近利行为。

云南大学映秋苑 　（王贤全　摄）

避免片面追求景观化，切忌行政命令瞎指挥。力戒形式主义，严禁脱离实际、铺张浪费、劳民伤财搞绿化的"面子工程""形象工程"。

2021年以来，广州市在实施"道路绿化品质提升""城市公园改造提升"等工程中迁移、砍伐3000余株榕树，其中很多是大树老树。榕树作为行道树确实存在很多问题，甚至会造成安全隐患，但是，广州这数千棵榕树是否应当迁移甚至伐倒，这即使在专业判断上也是存在争议的。另外，这种大规模的砍伐行为是否应充分考虑这些大树老树在广州市民中承载的城市情感、现实功能，并且在决策过程中尽可能公开、透明、互动，才能取得市民的理解和信任。此事经持续发酵酿成风波，直至2021年12月12日，中央纪委国家监委网站发布通报，对广州市10名相关领导干部严肃问责。

重大行政决策应当遵循科学、民主、合法程序。"广州砍树事件"中，缺位环节正是前两者。"广州砍树"这一具体个案中，由于"城市树木迁移砍伐"公众性极强，跨越多个领域，其中既涉及园林专业领域的适用性、合理性，比如树种特性、树种比例问题，同时还涉及历史、文化、民众心理……需要更高层决策者有听取多方面意见的能力和意识，跨部门协调，才能做出准确到位的评估。如果说专业性在"广州砍树事件"的科学决策中未起到应有作用，那么在决策程序上，透明度、公开性的缺失就更为明显。这是在今后工作中必须要严肃警示、吸取教训的例子。

2022年5月，杭州西湖断桥边的7棵柳树被移栽，并换种成了月季花，引发杭州市民和网友热议。"柳浪闻莺"是著名的杭州西湖十景之一，一旦西湖岸边的风景被破坏，杭州这张文化名片也将变得黯淡无光。正视民意，当地部门及时补种了柳树。随后在"西湖风貌和文化保护"民意恳谈会上，杭州市主要领导认真听取大家的意见建议，代表市委、市政府对大家多年来对杭州工作的关心支持表示感谢："西湖沿湖部分柳树移栽，破坏了城市自然生态环境和历史文化风貌，伤害了人民群众对杭州的美好记忆和深厚感情，教训十分深刻。"同时强调，要充分尊重民意，广泛集中民智，高标准推进西湖风貌和文化保护。

这次杭州市政府的回应方式，给基层治理工作提供了宝贵的经验：要充分尊重民意，倾听民声，避免随意决策。在尊重民意和科学精神的指引下，政府官员才能更好地运用手中的权力。

有序推动绿美建设

城乡绿化美化是一项长期任务，各地区要根据十年规划和三年行动部署，根据本地区自然生态条件和现有基础，分类分步实施，既要积极作为、能快则快，又要稳扎稳打、量力而行，不搞"齐步走"，不搞运动式推进。自然生态条件好、水热条件优越、植被多样性丰富的地区、人口密集地区和旅游热点地区要加快建设；建设基础良好、自然景观多样的地区鼓励优先开展提质创优行动；生态脆弱的石漠化地区、高寒冷凉地区、干热河谷地区要坚持保护优先、自然恢复为主，更加专业化地开展生态保护修复，不得以绿化美化名义进行生态环境破坏；交通沿线窗口地区、经济条件较好的，优化提升，顺序提升，不要一哄而上。

绿美城市建设 （张云霞 摄）

　　突出特色、突出重点，分类展开、分步推进，未来三年重点在人口密度高、流量大的地带先行开展，着力探索符合云南实际的城乡绿化美化建设路径和发展模式，努力实现"四个基本（工作机制基本健全、建管运营模式基本成熟、产业体系基本构建、标杆引领导向基本形成）、三个加快（城乡人居环境加快提质、全民植绿爱绿护绿意识加快提高、绿美云南知名度和美誉度加快提升）"。中远期，通过未来十年城乡绿化美化，努力建成美丽中国新标杆、样板示范区。

　　加强组织领导，分类分步实施。健全组织领导机制，成立由省委、省政府领导任组长，发展改革、工业信息化、教育、财政、自然资源、生态环境、住房建设、交通运输（含铁路、民航）、农业农村、水利、文化旅游、林草等部门主要负责同志为成员的领导小组，加强对云南城乡绿化美化行动的组织领导、统筹协调，有序推动绿美建设。省级部门要密切配合，协调组织好所辖所管所属系统、区域、场所、设施等的绿化美化工作。州（市）及县（市、区）政府要落实属地责任，抓好绿化美化工作的具体落实。省级部门适时开展总结与评价，及时对计划方案进行修正指导，确保云南城乡绿化美化行动各项目标任务落到实处。

优化绿美国土空间布局，综合考虑全省自然资源条件、城镇发展需要等多种因素，根据资源环境承载力规模，统筹推进城乡绿化美化建设，让绿美融入到城乡的每一个组成单元，提升城乡生态系统，以点带面、连点成片的绿美云南建设发展格局，加快推进全国生态文明排头兵建设，把云南建设成为绿色生态、宜居宜业宜游的中国最美丽省份标杆。

总之，在做好城市园林绿化工作时，既要听取专家意见，也要有公众参与，还要综合考虑城市建设发展、资金投入以及是否符合城市绿化规划要求等情况。除了影响道路（含道路下方电缆、管道）施工而需要移栽他处，以及患有病虫害、受到较大损伤或明显难以成活的树木进行更换等之外，反对盲目更换花卉绿植，随意砍伐和移植行道树等行为。城市的绿地规划是一个系统，进行绿地规划时则需兼顾历史的因素，即城市的"过去、现在和未来"——这块绿地的过去怎样，有无典故和故事，现在的状况怎么样，功效如何，民众的满意情况，未来是否需要依据城市规划进行调整等，做到因地制宜，构成系统，突出特色，量力而行。

绿美之路

第三节
以多维融合推进绿美建设

　　绿美建设要充分融入和服务生态文明建设要求，与新型城镇化、基础设施建设、乡村振兴、全域旅游、生态文明和精神文明建设等结合起来，通过增绿、扩绿，从宏观和微观上装点自然山水和寻常巷陌，不断提升城乡人居环境，共同打造云岭大地丰富多彩的美景。

与新型城镇化融合

　　未来五年，云南将大力推动新型城镇化，推动形成以昆明为中心城市、以都市圈为核心、以城市群为主体形态、以县城为重要载体的新型城镇化发展格局。绿美建设要深度融合进《云南省国民经济和社会发展第十四个五年规划和二○三五年远景目标纲要》中的"加快推进新型城镇化发展"内容要求、《滇中城市群发展规划》以及五城同建等新型城镇化中，打造

石林风景区　　（王贤全　摄）

一批生态美、智慧、健康的绿美城市和生态宜居、环境优美的健康生活目的地。坚定走城乡融合发展之路，促进城乡生产要素双向流动和公共资源合理配置，把乡村建设成为与城市共生共荣、各美其美的美好家园，加快形成城乡一体化的新格局。在坚持"质量兴农、绿色兴农、科技兴农、品牌强农"的前提下，将绿美建设充分融入高原特色农业之中，让经济林木成为群众增收致富的重要来源之一。

将绿美建设全面融入新型城镇化战略，加快形成以昆明中心城市为核心、以滇中城市群为主体形态、以县城为重要载体，区域中心城市、边境口岸城市、国际旅游城市、历史文化名城等大中小城市和小城镇协调发展的格局，在新型城镇化中广泛、科学、有序实施增绿、扩绿，打造"绿化、美化、雅化"的城镇风貌。此外，在实施城市更新行动，加快城镇老旧小区、城中村改造和居住社区建设中，也要同步融入绿美建设，为人们提供优美惬意的宜居环境。

与基础设施建设融合

抓住城镇化和城市更新升级的时机，将绿美行动充分融入城市公园体系建设中，公园建设要充分考虑场地原始资源条件，保留并突出场地特征，因地制宜打造景观，做到"一园一景"，凸显云南生物多样性、文化多样性的特点。塑造城市特色节点。结合城市地域文化、民族文化，提取文化元素，结合绿化建设进行展示。在城市的入城门户、城市中心广场、主要交通节点等区域，通过艺术小品及立体绿化等方式建设节点景观，在城市主要面山空间进行绿化建设，展示城市形象，凸显城市地域特征，避免"千城一面"。建设绿美乡镇，着力解决绿色休憩空间缺乏、环境脏乱差、功能设施滞后、特色缺失、管理薄弱等问题，努力建设一批功能完善、环境优美、宜居宜业、特色鲜明的精品乡镇，让居民"望得见山、看得见水、记得住乡愁"，让乡镇成为人们向往的宜居幸福家园，助推乡村振兴和云南高质量跨越式发展。构建绿色集约交通体系，完善路网体系，打通"断头路"，修补破损路，提高人行道透水铺装和道路绿化水平，把各类自然、人文、生态、农业景观等资源"串点成线"，形成集"绿化、文化、活化、美化"为一体的休闲观光绿道。此外，进出云南交通要道，大滇西旅游环线，机场高速（机场连接线），旅游公路、自驾游精品线路，进出城区的交通干线，机场、港口、服务区、铁路客运站等地区，做到适地适绿、低碳节能、因地制宜、路景交融。

与乡村振兴融合

重点围绕产业兴旺、生态宜居，推进绿美建设。坚持乡村绿化造林与乡村振兴相结合的原则。鼓励有条件的乡村开展苗木种植，推进一二三产业融合发展，带动乡村生态产业发展；推广林草、林果、林花、林菜、林菌、林药、林禽、林蜂等林下经济发展模式，培育农民专业合作社、家庭林场等新型经营主体；依托乡村绿色生态资源，用好古村落民居、民俗风情、

普洱台地茶　　（王贤全　摄）

名人古迹、古树名木等人文和自然景观资源，大力发展庭院经济、森林观光、林果采摘、森林康养、乡村民宿、乡村康养、生态旅游等乡村旅游休闲观光项目，带动农民增收致富。总之，严格落实耕地保护制度，充分利用村庄、庭院、隙地和"四旁"土地，结合乡村绿化造林发展庭院种植和林下经济，重点选择食药同源植物，在实施乡村绿化造林的同时推动乡村产业振兴。

加强对乡村自然文化风貌保护。自然生态保护方面，对村庄山水林田湖草沙等自然生态资源进行有效保护；植被保护方面，对村庄风水林、护村林、风景林、古树名木等自然植被进行有效保护；遗迹保护方面，对古村落、古民居、古建筑等人文历史遗迹采取有效保护措施。根据乡村地理位置、自然禀赋、生态环境状况、产业发展需求等情况，因地制宜科学编制乡村规划，乡村规划应符合土地利用总体规划，注重传统文化的保护和传承，做好"四旁""四地"、庭院、人居环境的绿化美化，营造生态宜居的乡愁之地。

与全域旅游融合

    结合云南旅游业向全域旅游转型升级的利好契机，把绿美建设融入生态环境总体建设中，以优良的生态环境为旅游业提供强力支撑，着力提升森林覆盖率、空气环境优良率，持续保持地表水和饮用水环境质量达标率达到100%。创建一批各级森林乡村、生态文明建设示范县，让"绿色天然氧吧"遍及云岭大地。

三江并流区高山塔黄 （和晓燕 摄）

　　充分利用旅游业转型升级的机遇，做好规划与衔接，将绿美建设融入旅游业发展之中，在城乡、景区将绿化美化巧妙融入旅游基础设施之中，凸显地域和生态特色，遵循山水林田湖草沙一体化肌理和历史文化脉络，营造"人在林中，林在景中，景在画中"的和美之境，打造安放身心的健康生活目的地。

与提升生态文明和精神文明素质融合

习近平总书记指出，要把人民对美好生活的向往作为奋斗目标。既要创造更多物质财富和精神财富以满足人民日益增长的美好生活需要，也要提供更多优质生态产品以满足人民日益增长的优美生态环境需要。云南城乡绿化美化建设，正是践行习总书记以人民为中心的发展思想，在推进城乡绿化美化行动中，保障和改善民生和人居环境，不断实现好、维护好、发展好最广大人民的根本利益，使人民获得感、幸福感、安全感更加充实、更有保障、更可持续。

快乐拉祜　（刘镜净　摄）

厚植全民绿美意识

绿美意识内化为绿美生态观、绿美行动观、绿美价值观，外化为参与植绿爱绿活动，自觉通过绿化美化厚植全民绿美意识。绿美生态观的核心是明晰绿美意识对于生态环境建设和保护的重要性，明确绿美意识对生态意识建设和提升的重要作用和价值；绿美行动观是指绿美建设必须通过绿美行动得以实现，凸显和强调绿美行动对绿美建设的重要意义；绿美价值观的核心在于明晰绿美行动对于生态文明建设和生态环境建设和保护的重要价值，对于"双碳"工作的重要贡献和价值。

绿美意识是生态意识的重要组成部分，不能仅仅就绿美意识本身来看待绿美意识，要在生态文明建设的背景中来考察绿美意识，将其纳入并作为生态文明建设的重要组成部分。从构建人与自然生命共同体的高度和生态文明建设战略的高度，来认识绿美意识和绿美工作的重要价值和意义。

加强绿美科学知识普及，绿化植物种类选择应注重多样性，将绿化与公民教育和精神文明建设有机结合，通过对各种花草树木的观赏识别，认识自然，植绿护绿，普及知识。把以绿美意识为核心的生态意识，作为人民群众生态文化素养的重要组成部分。通过绿美行动和绿美建设，使人民群众生态文化素养显著提高。

开展全民绿美共建

以实践和参与实践带动全民的绿美意识和生态文明建设意识提升。以全民参与植树行动，带动植绿、爱绿、护绿教育和生态文明教育。在全社会形成广泛的参与绿美云南建设生态文明建设的热情和氛围。全民义务植树的一个重要意义，就是让大家都树立生态文明意识，形成推动生态文明

梯田劳作 （王建福 摄）

建设的共识和合力。让每一个公民都认识到植绿护绿的重要价值，并提供人人参与的途径，提升生态文明建设的公民责任感和使命感，要像对待生命一样对待生态环境，让祖国大地不断绿起来美起来。开展全民义务植树是推进国土绿化的有效途径，是传播生态文明理念的重要载体。

植树造林、保护森林，是每一位适龄公民应尽的法定义务。要坚持各级领导干部带头、全社会人人动手，鼓励和引导大家从自己做起、从现在做起，一起来为祖国大地绿起来、美起来尽一分力量。努力提升人民群众的生态审美意识和能力，逐渐使得生态审美需求成为生态文明建设中人民群众对生态美的刚性需求，从而使生态审美能力的提升，成为绿美云南建设和生态文明建设、生态素养提升的动力源泉。

营造全民宣传氛围

强化宣传，通过绿美活动和绿美建设的宣传，提升全民植绿、爱绿、护绿意识。要引入喜闻乐见的形式，以人民群众需要的方式去传播和宣传。在城市，通过主流媒体、融媒体平台等多种途径和形式，对广大市民进行宣传。在街区通过主题公园建设、街边墙体的美化利用等多种多样的方式，强化对市民的植绿、爱绿、护绿与生态文明建设的宣传教育。在乡村，积极动员、明确目标、统筹规划、多点行动，充分利用村内大喇叭、宣传牌、微信群等多种宣传方式，宣传绿美建设对乡村振兴和生态文明建设的重要意义，增强全民绿化意识，调动群众参与村庄绿化的积极性。

以各种文化宣传的形式参与生态环境保护行动工作具有涉及面广、领域众多的特点，需要社会各界携手，共同唱响生态文明建设主旋律。倡导和推进生态文化，是公民行动，是联合行动，更是全面行动。以绿美行动促进环境保护，使之成为现代公民意识和道德准则。要"倡导人人爱绿植绿护绿的文明风尚，共同建设人与自然和谐共生的美丽家园"。每年，春意渐浓，春暖花开，草木生根发芽之际，鼓励全民行动，参与植树造林活动，为云岭大地披上绿衣，为美丽中国锦上添花，让绿美行动装点此关山，为人们的生活增添更多诗情画意的绿美景象。

滇池湿地　　（王贤全　摄）

第四节
典型引路　示范带动

　　典型引路、示范带动、凝聚合力，共建共享城乡绿化美化建设。让先进典型引路，发挥先进典型的示范作用，是党领导事业的重要工作方法。先进典型是榜样，是标杆，是旗帜，是树立目标、引领方向、给予鼓舞和

力量的着力点。优先重点打造云南城乡绿化美化典型标杆试点，是云南城乡绿化美化建设的重要抓手，是阶段性、计划性、系统性推进云南城乡绿化美化行动的重要举措。

水乡秀色　（张进发　摄）

明确目标，选树典型

　　立足三年，放眼十年成效期，努力构建云南绿化美化的生态体系，争取建成一批生物多样性友好城市和特色鲜明的绿美城市，全省城市形象、人居环境和生活品质明显提升；建成一批地域特色突出、地方人文历史蕴含丰富的乡镇，绿化美化与乡镇特色气息相契合；建成一批生态宜居绿美乡村，营造出一片片绿树成荫、花果飘香的乡愁景观；建成一批通透式、一体式的绿化美化街区，街道、住区、机关事业单位绿化美化要与地方人文历史相结合，在扩大绿量的基础上，增加人文历史的厚度，增添美学设计的观感；建成一批生物多样性水平高、季相变化丰富、生态功能完备的景观廊道，形成畅通、安全、舒适、美丽的绿美交通网络；建成一批生态安全、水清河畅、岸绿景美、人水和谐的河湖美景；建成一批绿树成荫、鸟语花香的优美校园，形成生态文化传播力度大、履行植树义务责任意识强、环境育人成效突出的校园环境；建成一批总量适宜、分布合理、生态和谐、环境优美的园区；建成一批适应景区景观质量要求、游览需求、环境优美的 A 级旅游景区。

　　突出民意、尊重民意，创建云南绿化美化的民心工程。摒弃长官意志，遵循群众认可，一改以往"自上而下""单一标准"的评选方式，而采取县（市、区）自荐、州（市）推荐、专家打分、网络投票、省级行业主管部门认定等方式，每年评选出一批建设成效明显、公众认可度高、群众满意度高的"绿美城市""绿美乡镇""绿美乡村""绿美街区""绿美廊道""绿美河湖""绿美园区""绿美校园""绿美景区"，并给予一定资金奖补，形成你追我赶的良好局面。

打造标杆，示范典型

典型的示范带动作用是不言而喻的，在典型选树与标杆打造中，要严把考察关、考核关、成效关。严把"三关"，就是要把严格考察作为典型选树的重要程序之一，坚持效益导向、影响导向，切实考察各州（市）及县（市、区）组织领导的带动作用和保障作用，考察各地域各类别的绿化美化工作、考评、监督和激励机制运行，考察绿化美化目标完成度、实施效果等，高要求、严把关。

典型培育，多渠道建立典型培育机制，切实开展"典型在行动"的交流活动，充分发挥典型单位对其他州市的带动作用，帮助培育对象学有典型、做有方向，同类型绿化美化建设单位凝聚合力，形成典型帮带机制，进一步激发云南城乡绿化美化的内生动力。

落实典型引路法，深入开展"对标先进、争创一流"的主题实践活动，培育典型、宣传典型、推广典型，各州市在切实推进城乡绿化美化实践工作中，积极开展绿美典型的推优学优的活动，自荐、推荐，充分发挥先进典型的示范引领作用，形成比学赶超、奋勇争先的良好氛围，并在典型引领、对标对表、比学赶超的氛围中，更好推动全省城乡绿化美化工作的全面开展与良性互动发展。

强化宣传，示范带动

　　全省遴选一批在绿美建设中涌现出的具有典型代表性的示范市、县、乡镇、乡村，通过立体传播、对标看齐，大力宣传优秀典型案例，全面开展"向典型学习"现场推进会，总结经验，突出亮点，现场学习，实地观摩，组织绿化美化负责人到典型标杆地区考察，学习优秀典型的先进绿化美化实践经验和优点亮点，激发全省绿化美化建设的创新推进，营造"争当典型、

晨雾中的西山"睡美人"　　（王贤全　摄）

争比贡献"的浓厚氛围。

建立以正面宣传为主的引导机制。充分发挥新闻媒体的宣传引导作用，利用传统媒介和新媒体，大力正面宣传云南绿化美化建设中涌现出的先进典型、优秀的工作经验、特色亮点等，注重正面宣传时对典型案例、优秀事迹的挖掘，不搞套路化、程式化、排浪式、照抄照搬、生硬刻板、空洞

说教，而要做到思想性、新闻性、可看性相统一，改进创新正面宣传，营造良好的社会舆论氛围。

把宣传引导贯穿到绿美云南建设行动全过程，充分利用报刊、广播、电视等媒体，大力宣传绿美云南建设行动的重要意义、建设内容和政策措施，动员和引导更多社会力量参与到国土绿化行动中来。及时总结推广和宣传一批绿美云南建设先进典型和模范人物，打造一批特色鲜明、有影响、可借鉴的绿化示范点。努力抢占舆论和市场宣传的制高点，把云南打造成为"世界花园"、一批城市成为"花园城市""森林城市""雨林城市"、一些乡村成为抚慰心灵的"乡愁之地"的代名词。

总之，绿美云南建设要紧紧围绕《云南省城乡绿化美化三年行动（2022—2024年）》，对标对表，兼顾绿化行动的相关实施意见和文件精神，分步推进，分期实施，每三年总结一次经验，弘扬典型，鞭策不足，查缺补漏，压实属地政府主体责任，结合作风革命和效能建设，牢固树立"今天再晚也是早，明天再早也是晚"效率意识，只争朝夕，以钉钉子精神抓落实，倡导项目工作法、一线工作法、典型引路法，实行任务项目化、项目清单化、清单具体化等，高质量推进绿美行动。加强各级政府在组织领导、规划设计和政策保障等方面的主导作用，强化部门配合、上下联动，形成合力，坚持典型引路、示范带动，形成有序、有效、有力的良好工作局面；充分调动各方面积极性，引导市场主体与社会各界广泛参与，齐心协力推进城乡绿化美化建设。一轮接着一轮推进，边建设边总结，一任接着一任干，一代接着一代干，通过全民广泛参与，绿美云南建设一定能让云岭大地的山川、城乡更加秀美，不仅为主动服务和融入、助推国家如期实现碳达峰碳中和的目标贡献云南力量，也能为人民群众提供更加优质的生态产品，创造人与自然和谐共生的优美环境。

盘龙江边 （刘镜净 摄）

绿美之路

绿美之核

把云南建设成为全国生态文明建设排头兵，是习近平总书记对云南的殷切嘱托。云南始终坚持生态优先、绿色发展的战略导向，切实增强良好生态环境是最普惠的民生福祉的意识，大力倡导生态文明是人民群众共同参与共同建设共同享有的事业，凝聚全省各方面智慧和力量，以绿美云南建设为重要载体和依托，系统规划，统筹推进，应绿尽绿，应美尽美，以人口密集、人流量大的地带为重点，抓好绿美城市（社区）、绿美乡村（乡镇）、绿美交通、绿美河湖、绿美校园、绿美园区以及绿美景区七项核心工作。

第一节
扮靓特色鲜明的城市

　　云南森林覆盖率位居全国前列，但存在绿色分布不均，城镇、交通要道等人口较为集中的地区反而绿化少的问题。2014年2月25日，习近平总书记在北京考察时曾说，网上有人给我建议，应多给城市留点"没用的地方"，我想就是应多留点绿地和空间给老百姓。城镇绿化美化直接关乎城市居民的生活质量和城市的和谐发展，绿化美化的效果代表着一个城市的形象。因此，对省会城市、州（市）政府所在地城市、县级城市（县城）、国省道沿线、旅游景区周边和城市周边的镇（乡）政府所在地进行绿化美化，是建设绿美云南的重中之重。乡（镇）绿化美化要与周边自然山水景观、田园风貌、景区特色等相协调，突出当地特色，注重拓展公共生态游憩空间。

　　据统计，目前，我国城市建成区绿地面积达230余万公顷，较2012年前增加近50%。同时持续加强城市公园建设，建成城市公园约1.8万个，百姓身边的社区公园、口袋公园、小微绿地数量不断增加，[①]绿美城镇建设正在不断推进。

---

① 王仁宏：《住建部：全国城市建成区绿地面积达230余万公顷 较2012年前增加近50%》，人民网2021年6月7日。

各美其美，不同城市彰显不同特色

明确每个城市的绿美主题定位

　　每个城市可结合当地自然地理、历史文化、植物类型等特点，结合新型城镇化建设，确定绿美的发展方向。创建四季常绿、花香满城的花园城市；推动以节约型、生态型、功能完善型为主的园林城市建设；建立林水相依、林山相依、林城相依、林路相依、林居相依的城市森林生态系统，构筑山水林田湖城生命共同体，形成人、城、境、业高度和谐统一的公园城市。因地制宜开展环境整治，建设城郊绿道、环城绿带、生态廊道，丰富城市内涵，展现每个城市魅力，

保山市绿美城市建设　　（刘镜净　摄）

构建缤纷多彩的城市美景。如昆明建设公园城市，丽江建设花园城市，西双版纳建设雨林城市等。

昆明市可建设以滇池水域及昆明城市建设区为板块，以环山郊野公园绿道、环水湿地公园绿道及城市绿道为廊道串联生态林、水系及城市公园绿地的绿色网络。同时按照"一园一品"原则，以花卉为主题元素，建设和提升独具特色的市级公园，构建"生态公园、市级公园、区级公园、社区公园"四级城乡公园体系，营造"春城无处不飞花"的美丽景象。将花卉主题景观特色打造融入"美丽街道""美丽公园"建设中，打造点、线、面结合，花影叠叠、四季花舞的花都城市空间。突出花卉主题和季节变化，形成冬春花木绚丽多彩，夏季绿树成荫、花草交织，秋季落叶纷飞的美丽春城。新建和提升改造城市道路景观，打造圆通樱潮、金殿山茶等特色街道。建立立体花卉布置长效机制，对环湖东路、会展西路、会展东路、会展北路、巫家坝路段等主要道路和重要节点实施专项设计，结合重要城市公共空间的周边环境，突出云南深厚的历史文化底蕴和多彩的民族文化资源，运用园艺手法，增设立体花坛花艺景观，打造花影叠叠"美丽节点"。①

丽江市可结合当地得天独厚的资源条件和创建国家园林城市的成功经验，从景观改善与公共空间、艺术文化与遗产管理、环境保护和绿色经济、公众参与及授权、健康生活方式、可持续的规划和管理政策六个方面出发，并以联合国国际花园城市建设标准为依据，统筹推进建设"城在绿中、人在花中、城园相融、人城和谐"的花园城市。②

西双版纳的"根"和"魂"在热带雨林。作为西双版纳的"会客厅"、热带雨林的"展示厅"，景洪勇挑重担、主动作为，全力打造美丽中国雨林城市。建设世界级热带雨林公园，实施雨林保护、雨林修复、雨林回归、

① 昆明市人民政府：《昆明市国民经济和社会发展第十四个五年规划和二〇三五年远景目标纲要》，昆明市人民政府网2021年4月6日。
② 钱吉梅：《丽江力争用4年时间统筹推进花园城市建设》，"丽江热线"2022年3月22日。

林城融合、环境整治"五大工程",加大天然林资源保护和退耕还林力度,加快澜沧江流域防护林体系、储备林建设,力争雨林回归视野;深入推进爱国卫生"7+2专项行动",高标准建设城市"雨淋"系统,构建以"绿心""绿带""绿环"为主体的城市立体绿化系统,

昆明市民在城区河道景观带休闲　（刘镜净　摄）

绿美之核

实现全域景区化、景区公园化、公园城市化、城市森林化。打造世界旅游名城核心区，开展提升景区、扮靓城市、美化环境、精细管理、优化服务"五项行动"，抓紧启动城市点亮工程和拆违增绿工程，改造提升景区景点，美化亮化城市景观，推进老城区拆迁改造，加快便民生活圈建设，补齐智慧停车场、公共厕所、污水处理等城市基础设施短板，全面提升"绿化、美化、亮化"水平，全力打造空气清新、树叶翠绿、四季花开、生物多样、处处是景区，环境干净、秩序井然、民族团结、和谐和美、人人是风景的世界旅游名城核心区。[①]

绿美主题定位的明确，要求绿美城市建设一定要基于城市山水脉络和风貌格局，结合城市形象与文化特征，丰富植物种类，合理配置色彩，优化拓展生态空间，打造各美其美、山水人城和谐的城市。

红河州屏边县依循"突出苗文化、做足水文章、发挥绿优势、挖掘山潜力"的思路，以"山、水、林、苗、城"五素同构公园城市为设计理念，以"蓝脉绿网·宝石项链"为设计主线，以"美丽苗乡·森林屏边"为城市建设主题，按照"城景一体化和产城融合"的规划建设思路，充分融入屏边特有的苗族文化、边地文化、森林文化和火山瀑布文化特色，将县城作为5A级景区进行规划建设。在城市内部规划布局精品绿化空间，对滴水苗城新城区及老城区主要街道广场实施城市增绿、腾地补绿、见缝插绿，建设各式亲水景观、公园绿地、透水路面等项目，使城市生态系统健康发展。目前，屏边县城区内长达7.6千米的河道水系实现了环城流淌，4.3平方千米的县城建成区中，绿地覆盖率达到38.02%，人均拥有公园绿地达到11.95平方米。"市民—公园—城市"三者关系不断优化和谐，"公园城市"在屏边不再是一个"乌托邦"，呈现出可见可感可触的雏形。[②]

① 《州委州政府召开景洪现场办公会强调：景洪要努力建设成为美丽中国雨林城市、泛亚通道枢纽城市、县域发展活力城市》，西双版纳傣族自治州人民政府网2021年6月17日。
② 倪琴、王陶、黄传龙、李树芬：《云南屏边县：一个"公园城市"的雏形》，人民资讯网2021年1月15日。

● 优化城市绿地系统

强化城市形态设计和品质提升，统筹推进公园、绿地、景观、慢行道、林荫道等设施建设，加快建设城市生态隔离带，拓展城市生态休闲空间。加大城市公园绿地建设力度，形成布局合理的公园体系，重点加大社区公园、带状公园、专类公园、口袋公园等规划建绿力度和老旧公园绿地的乔木化改造，提升公园绿地林木覆盖率，实现市民出行"300米见绿、500米见园"的目标。

楚雄州姚安县的城市绿化以道路绿化为骨干，公园、广场绿化为节点，全力为市民打造绿色宜居环境。梅葛广场是姚安广大群众茶余饭后休闲娱乐的主要场所，通过提升改造后，景观焕然一新，备受市民和游客赞誉。

绿美姚安建设 （刘镜净 摄）

昆明市面山绿化 （刘镜净 摄）

路修到哪里，绿色就延伸到哪里。从 2018 年开始，姚安县着重加强城市道路绿化、城市公园建设以及小区绿化，陆续在县城蛉河大道、西正街延长线、南片区市政道路等路段规划种植荷花玉兰 3000 多株；2021年又投入 5000 多万元提升绿化、美化资金，为县城增植添绿、种花添色，"城在林中、花在绿中、人在景中"的园林景观效果逐步显现，形成了布局合理、特色鲜明的城市新风景线。截至目前，共建成公园 9 个，城区道路全部实现绿化；绿地建设效果明显，县城绿化覆盖率达 38.6%，逐步达到了"城区园林化、道路林荫化、小区花园化"。①

● 城市面山与郊外森林结合

城市生态系统与周边生态系统有着紧密的联系，绿美城市建设必须对城市生态系统与周边生态系统的连接和粘连给予充分的重视。在城市面山与郊外森林系统的过渡和结合部分着重发力，做到景观的自然过渡，生态系统的互相联通和连接。

---

① 杨德祥、王劲锋、何祥：《云南姚安：齐心扮靓幸福宜居"新荷城"》，人民资讯网 2021 年 11 月 29 日。

确定地域特色标识植物

市树市花是一座城市的代表性乡土树种和花卉，是城市形象的重要标志和"名片"，是城市地域、历史人文特色的浓缩和象征，是城市生态和精神文明建设水平的重要体现。市树市花的确定，不仅能代表一座城市独具特色的人文景观、文化底蕴、精神风貌，更能体现人与自然的和谐统一，对带动城市相关绿色产业的发展，优化城市生态环境，提高城市品位和知名度，增强城市综合竞争力也具有重要意义。

通过群众参与、网络投票等方式选定"市（县）花""市（县）树"，确定地域特色标识植物，加大对其宣传推介和品牌打造力度，不断挖掘其文化底蕴，积极动员当地群众广泛栽种和自觉爱护"市（县）花""市（县）树"，进一步增强广大群众爱绿、植绿、护绿意识，让其成为当地生态文明建设的重要标志和靓丽的城市名片。

山茶花原产云南西南部腾冲一带。早在唐宋云南南诏、大理时期，就在宫廷和昆明民间推广栽培。到元明时，山茶花已在云南西部、中部城乡广泛种植，尤其是昆明佛寺道观、风景胜地，山茶花成为普遍栽培的观赏植物。循着这一历史种植传统，1983年3月10日，昆明市人大常委会决定将云南山茶花定为昆明市花。

2019年6月以来，龙陵县启动市树市花评选活动，历经了市民评选、专家评审、县政府及县委常委会审定、市人大常委会审议通过等环节。评选活动以当地乡土树种、花卉为主，突出其适宜性、独特性、观赏性、象征性等特点，最终选定深受当地群众喜爱的云南樟为"县树"，石斛花为"县花"。

绿美之核

应绿尽绿，增加城市绿量

针对城市人口集中，但绿量不足、绿地短缺的现状，可以结合老旧小区、老旧厂区、老旧街区和城中村改造、城市更新，通过拆违建绿、留白增绿等方式，增加城市的绿地，留足城市的绿化空间。加宽河道、道路、绿道、风廊沿线绿化行数，对城市周边受损山体、水体和废弃地等进行科学复绿。推进立体绿化建设，利用屋顶、阳台、墙面等开展立体绿化。合理选用城市道路绿化布置形式，大幅提高园林景观路、城市主干道、次干道道路绿地率。

结合绿美城市建设整体规划，增加绿地面积

针对新城新区建设通过留白增绿，增加公园绿地、小微绿地等，合理利用生态混合用地、城乡废弃地、边角地等途径，合理规划城市绿美格局，增加绿地面积，不断拓展绿色空间。

昆明市呈贡区在新区建设中高度重视生态文明建设，注重厚植生态，着力推动人与自然和谐共生，2021年城市绿化覆盖率46.86%，人均公园绿地面积22.06平方米，空气质量优良率达98%以上。[①]

---

① 杨萍：《2021年昆明呈贡城市绿化覆盖率46.86%》，云南网2022年3月3日。

巍山古城绿美建设 　　　　（刘镜净　摄）

结合城市更新，增加城市绿量

　　针对老城区,通过拆违建绿、见缝插绿、立体增绿等方式,改善人居环境。积极开展墙体、屋面、阳台、停车场等绿化美化工作, 城市特色街道、城市滨水空间、城市历史地段、城乡接合部因地制宜打造特色绿道、绿廊等城市特色带状绿化空间。

　　引导鼓励广大市民开展庭院植绿、阳台添绿, 绿化家园, 积极提升绿化水平, 发挥植物固碳作用, 采用节约型绿化技术, 提倡栽植适合本地区气候土壤条件的抗旱、抗病虫害的乡土树木花草, 采取身边添绿、屋顶铺绿等方式, 提高庭院绿化率。

　　昆明市嵩明县杨桥社区在美丽乡村建设和人居环境提升整治工作中, 统一规划、栽花补绿, 建成2.4千米的健康步道。走在健康步道上, 五颜六色的鲜花竞相绽放, 步道两侧选用防护网做隔断, 种植的爬藤月季、日本樱花、垂丝海棠等植物攀爬在防护网和居民院墙上，相互交织，如同壁画，沿途鸟语花香、绿树成行，仿佛走进一个"绝密花丛"之中，形成美丽的流动风景线。杨桥社区居民移步闻香、沿河观景，社区靓起来了，居民生活也美起来了。①

结合"三改一拆"、中心城区品质提升和背街小巷改造，实施城市广场、生态停车场等大型硬质铺装地和街边地角、河路节点等边角地的绿化美化。利用好拆违和改造土地，有效增加森林面积。注重自然生态性和观赏性，在保护原有植被的基础上，适当补充树形优美、叶色丰富、花果艳丽的乡土树种，丰富林相，进一步发挥生态及观赏效果。加快建设国家森林城市和森林城市群，稳步增加人均绿地面积，着力提升城市绿地总量，构建稳定的城市森林生态系统。

加强对新建居住区绿地指标和质量的审核，并结合居民使用需求，通过增加植物配置和游憩、健身设施，对老旧小区绿化进行提升改造，完善居住区绿地的生态效益和服务功能。

昭通市绥江县统筹推进经济社会发展与生态文明建设，全县森林资源总量不断增加，森林面积已达5.39万公顷，森林覆盖率达71.99%，位列昭通市11个县（市、区）榜首。未来三年，绥江县将新植绿化苗木600万株，分年度开展城镇绿化美化行动，建设一批"小、多、匀、精"的社区公园、街头花园、串珠式和口袋式公园。②

以森林城市（城镇）、园林城市（城镇）创建为载体，加强城市片林、风景林建设，稳步推进城市公园、郊野公园、城郊森林公园等各类公园建设。加强城镇周边生态片林、附属绿地建设，打造以森林为主体的郊野游憩、健身公园。

① 张玉笛、普丽艳：《去杨桥社区，走一条风景如画的步道》，嵩明融媒2022年4月27日。
② 《爱绿植绿护绿 共建美丽家园》，云南省人民政府网2022年3月14日。

嵩明县杨桥社区健康步道　（普丽艳　摄）

开展立体绿化，拓展城市绿色空间

　　立体绿化是城市绿化的重要形式之一，是改善城市生态环境、丰富城市绿化景观重要而有效的方式。立体绿化在缓解城市热岛问题、增加城市雨水蓄积能力、减少城市噪音等方面均有积极作用。推进立体绿化建设，使绿化从平面走向立体，既能丰富绿化形式，又可拓展城市绿色空间。在提高绿视率的同时，满足市民亲近绿色的渴望和追求。[①]

　　立体绿化是平面绿化以外，以屋顶、建（构）筑物墙面等为载体，充分利用不同的立地条件，选择适宜植物栽植并依附或铺贴于各种构（建）

① 《积极推进立体绿化建设 丰富绿化形式 拓展绿色空间》，《潇湘晨报》官方百家号 2020 年 12 月 28 日。

绿美之核

筑物及其他空间结构上的绿化方式。云南在建设绿美城镇过程中应该加强立体绿化，节约集约用地，拓展绿化空间，做到应绿尽绿，不断增强城市生态系统碳汇能力。

利用有条件的楼宇屋顶和立交桥体实施立体绿化。新建、改建、扩建公共建筑的平屋顶，鼓励实施屋顶绿化。城市立交桥、高架桥、墙面、屋顶、挡墙、护坡、高架桥、轨道立柱、隧道口以及大型环卫设施等市政公用设施鼓励实施立体绿化。

立体绿化工程应与主体工程〔既有建（构）筑物除外〕同步规划、同步设计、同步实施。实施立体绿化应当保障安全，符合相关标准和技术规范。鼓励开展立体绿化科学研究、科技创新，大力推广应用立体绿化先进技术，推进智慧化管理。

大力开展园林式居住小区和园林式单位评选活动。以社区为基本单位，加强城镇道路绿化建设，按照生态化、林荫化、景观化的要求，高标准做好城镇出入口、车站、广场、重要节点及城镇主要道路、迎宾线、铁路沿线等重点区域和重要地段的绿化。加大林荫道路和林荫停车场建设力度，在降低交通能耗、减少尾气污染的同时，为步行及非机动车使用者提供健康、安全、舒适的出行空间，达到"有路就有树、有树就有荫"的效果。[1]

优化绿色空间结构，构建布局均衡的公园绿地格局。提高公园绿地服务半径覆盖率，着力构建由"自然公园—社区公园—绿道"组成的类型丰富、城区一体的公园游憩体系，进一步丰富绿色空间的休闲健身、文化、儿童游憩、科创展示等服务功能，增加绿色空间活力，提高公园绿地的利用效率。鼓励有关部门及各级政府开展"最美屋顶""最美阳台"等"最美"系列评选活动，发挥典型带动作用，促进绿美城镇建设。

① 《内蒙古自治区人民政府关于进一步加强城镇园林绿化工作的意见》，内蒙古自治区人民政府网 2013 年 10 月 19 日。

补绿提质，组织全民义务植树活动

　　坚持全民动手、全社会绿化的方针，动员全社会力量积极参与国土绿化建设，推动全民义务植树活动新高潮。组织广大群众种植幸福林、青年林、巾帼林、亲子林等，融趣味、纪念、情感与义务植树为一体，赋予义务植树新的文化内涵，吸引公众积极主动植树，心情愉悦植树，强化生态意识，共享绿化成果，有效调动社会各界参与植树造林的积极性。开展相关主题活动，完善全民义务植树网络平台，深入推进"互联网＋全民义务植树"，创新拓宽公众参与的有效途径，不断丰富义务植树尽责形式。

建水绿美城市建设　　（刘镜净　摄）

金沙江白鹤滩水电站涉及昭通市巧家县5万多移民，分别安置在8个移民安置区，其中县城共5个移民安置区。2022年3月下旬，巧家县启动了县城5个移民安置区周边"裸土"绿化美化工程。工程在绿化构造上采用了乔木、灌木加地被的方式，栽种了鸡冠刺桐、火焰木、三角梅，用紫柳、美女樱、狗牙根覆地，总体营造出花海与大湖和谐共生的亮丽景观。随着工程推进，昔日沙土裸露的景象大有改观，安置区52万平方米的花海景观已初见雏形，成了广大市民休闲娱乐的好去处。移民安置区"裸土"绿化美化工程总体完工后，将与县城公园、道路、边坡绿化、口袋公园一起，共同为市民营造推窗见绿、出门见景、亮丽舒适的宜居环境，让城市逐步回归自然。①

尊重自然规律，节俭务实，严格管控，充分保证社区居民的利益，坚决反对"大树进城"等急功近利行为，反对不符合实际的浮夸做法，反对易导致生态灾害的外来树种大规模绿化行动，切忌行政命令瞎指挥，严禁脱离实际、铺张浪费、劳民伤财搞绿化的面子工程、形象工程。

云南省级各直属机关大力开展庭院绿化美化工作，涌现出一大批国家、省、市、县（市、区）园林单位、绿化模范单位和绿化先进集体。为切实做好机关内部和外围环境绿化美化工作，2022年2月，云南省林业和草原局机关服务中心协调云南省林业科学院专家实地指导，开展局机关大门外围绿化树种替换种植和机关内部绿化养护提升工作，在局机关大门外围道路两侧共种植30棵滇润楠，局机关服务中心和省林科院专家全程督促指导替换种植工作。局机关服务中心还协调专家对内部绿化树种长势不良现象进行现场实地"开方"，专家从病虫害防治、定期追肥和修枝打杈等多方面给出建议。②

① 沈迅、刘仁川、阮开波：《云南巧家移民安置区52万平方米花海景观初见雏形》，云南网2022年4月18日。
② 杨雄：《省林草局机关服务中心提升环境绿化美化工作》，云南省林业和草原局网2022年2月28日。

大理绿美城市建设　　（刘镜净　摄）

红河州自 2022 年以来大力实施城乡绿化美化活动，州绿化委员会、州林草局着力在林长制护林兴林、石漠化综合治理、全民义务植树等 10 个方面发力，进一步加快建设美丽红河、守护绿色"聚宝盆"、实现全域绿全域美，项目涉及土地面积 230 万亩。在全民义务植树项目上，红河州坚持全州动员、县市联动、全民动手，持续开展"互联网 +"义务植树活动，每年义务植树约 1000 万株，全民义务植树尽责率达 90%，森林覆盖率由 20 世纪 80 年代初的 28.5%[1] 提高到目前的 57.8%，13 个县（市）全部获得"中国天然氧吧"称号，红河州成为全国首个"天然氧吧州"，绿色成为红河州高质量跨越式发展的鲜明底色。

---

① 《红河州开展城乡绿化美化三年行动》，云南省人民政府网 2022 年 4 月 14 日。

绿美之核

文山州积极推进"绿色文山"建设，加快国土绿化，持续实施退耕还林还草、防护林体系建设、湿地保护与恢复、石漠化综合治理等一批重大林草生态保护与修复工程；开展森林督查、种茶毁林整治等专项行动；积极引导全民义务植树，加大造林绿化力度，推进生态文明建设。"十三五"期间，全州累计完成营造林 353.34 万亩，新一轮退耕还林 135.86 万亩，石漠化综合治理 89.01 万亩，义务植树 3519.38 万株。2022 年 2 月，文山州以"绿山、绿水、绿道、绿城、绿乡"为重点，深入推进"千里绿道、^①万里花带"建设，动员全民实施"一村万树""十棵树"等优化生态环境工程，分年度、分阶段、分步骤推进全州全域绿化行动，着力提升全州森林覆盖率。

全民义务植树活动开展 40 周年以来，云南省城镇绿化快速推进。各地以州（市）、县（市、区）城镇绿化为中心，大力推进森林城市建设。昆明、普洱、临沧、楚雄、曲靖、景洪 6 个城市荣获"国家森林城市"称号，凤庆县获"云南省森林县城"称号。城乡生态环境持续改善，人民群众幸福指数显著攀升。^②

---

① 《爱绿植绿护绿 共建美丽家园》，云南省人民政府网 2022 年 3 月 14 日。
② 陈鸿燕、曹波、王佳纯：《全民义务植树 40 年 云南种下生态底色》，央广网 2021 年 3 月 12 日。

共建和谐绿美社区

绿美社区的建设，核心在于绿美为民。从方案设计到绿美空间拓展、机制建设等方面，都必须坚持以人民为中心，真正做到社区绿美建设的人人参与、多方共建、人人共享。最终以此为载体，形成人与自然和谐共生、绿美点缀、布局合理、人人共享的新型现代化绿美社区。要把绿色社区创建行动和探索城乡社区社会治理现代化新模式紧密结合起来，发挥各部门职能，倡导干部职工积极发挥带头示范作用，将社区示范点创建成为和谐有序、服务完善、绿色文明、共建共享的现代社区，为以社区治理推进市域治理和建设提供可借鉴、可复制的新治理模式。

首先是强化统筹规划，结合社区发展历史和特色，将绿美建设与社区特色文化建设结合起来，采取多样化的途径和形式，呈现出社区绿美建设的不同路径和模式，做到各个社区绿美建设各有特色的基本目标。分区分类型进行社区绿化建设空间的规划和打造，区分以产业发展特色为特点的绿美建设社区。如昆明市金实社区可以依托茶产业生产和茶文化体验，打造依托茶叶文化，形成浓厚茶文化氛围的绿美社区；昆明市经开区的社区则可以依托工业底色浓厚的基本特征，分别打造现代信息化绿美社区和传统工业型绿美社区。要着眼长远，进行充分的研判和考察，认真研究，提出社区绿化空间拓展的基本方案和特色，与社区居民共同探讨，确定最终的空间拓展方案和基本特色，形成符合社区发展阶段和特色的绿色建设规划和方案。

其次是推动社区绿美共享，按照"后院前置、后绿前移"思路，优化城市设计导则，鼓励机关单位和居民小区开展绿化共享，打开城市道路两侧的城市公共空间，将围院通透式绿化与道路绿地紧密衔接，共享绿色开放城市景观，提升居民绿色获得感。同时，要创新现代省市绿色社区建设理念，把共享进行拓展，紧密结合生态共享与文化共享，打开公园与公共文化服务设施封闭边界，试点文化展馆与公园一体化、开放性建设，打造融合游憩、运动、娱乐等综合功能的新型公共空间形态。开展一园一自然教育驿站、园艺驿站建设，新建公园可设置展览室、阅览室，提供博物展览、艺术展览等

弥渡绿美社区建设 （张云霞 摄）

绿美之核

功能。

文山州大力提升文山市城市形象和城市品质，着力营造"干净整洁、规范有序、宜居宜业、健康生态、文明和谐"的城市环境，全力建设"美丽县城"，云南省烟草公司文山州公司积极响应政府号召，扎实开展破墙透绿和墙体美化行动。2022年3月，云南省烟草公司文山州公司向上级申请采用紧急采购方式，对公司环城西路376米封闭围墙进行升级改造，其中西侧围墙长216米，东侧围墙长160米。西侧围墙采用美化方式，在保留原有封闭式的基础上，新做粉水、砖砌墙柱、白色乳胶漆饰面、青瓦盖帽，以青瓦白墙的传统建筑流派为表现形式，配以高低错落的墙柱装饰及简约环保的太阳能柱头灯，加以手作油画体现文明建设的核心思想，寓教于画。东侧围墙通过拆墙透绿方式，拆除原有的封闭式围墙，新砌墙柱、面贴文化石，加配通透栏杆，以文化石墙柱加黑色烤漆透绿栏杆，配以简约大气的太阳能柱头灯。通透的栏杆可观赏园内修剪整齐的乔灌木，同时在绿化用地撒草籽、购置鲜花，以达到墙内外风景共赏的效果。①

再次是以绿色共享为动力，反向推动绿色社区的共建。必须明确的是绿美社区的建设本质上是符合生态文明理念的居民生活家园的建设，是一个涉及多个方面内容的系统工程，需要政府、社区居民、社会各界力量的广泛参与。要以绿色共享为基本动力，反向推动全民参与共建。

云南省杨善洲绿化基金会重视在人群集中的社区、校园中宣传杨善洲精神，动员人们参与到环境绿化美化行动中来，在全社会形成"绿水青山就是金山银山"的舆论氛围。比如，基金会先后在云南野生动物园区、昆明市五华区、盘龙区等地的9个社区开展18次"万家森林·杨善洲纪念林"义务植树活动，累计有6000余人次志愿者参与活动。②

---

① 文山市"七城创建"战役指挥部办公室：《破墙透绿还于民 "砖土墙"变"文化墙"》，2022年4月19日。
② 赵宇新、王德祥：《助推绿色发展 添彩美丽云南——云南省杨善洲绿化基金会10年工作回眸》，《中国社会报》2021年8月16日。

大理市绿美社区 　　（刘镜净　摄）

　　无论是城市社区还是村居，在构建绿色环保生态体系方面都有着共同之处，都需要提高人的认知，改变人的行为。建设"绿美社区"工作必须根植于群众，服务于群众，代表人民群众的根本利益，才具有强大的生命力。要构建和打通人人参与建设绿美社区的机制和体制，一方面，充分发挥基层宣传工作的优势，加大对社区居民的宣传，加大力度培育生态文明的生活理念，构建新型社区绿美审美的需求；另一方面，构建社区、单位人人能参与绿美社区建设的机制和体制，打通从人人愿参与到人人能参与的转换的最后一公里。最终形成人人愿参与，人人能参与，全民共享共建绿美社区的全新模式。

各街道为创建绿色社区的实施主体，要建立专门的机制，成立绿色社区创建工作领导小组和工作专班，具体推进绿色社区创建工作；以社区党组织为载体，具体领导和统筹协调居委会、业委会、物业服务企业、社区内的机关和企事业单位共同参与绿色社区的创建工作；邀请居民、党员、设计师等人群共提整治方案，实施各具特色的绿色社区方案。

小区居委会和单位要严格落实小区绿地和单位绿地的绿化美化责任，做好日常养护管理，园林绿化主管部门定期进行技术指导。在技术和行动上达成上下联动的创新模式。同时，最重要的是要充分发挥社区民主，创新绿美社区建设机制。运用社区宣传栏、微信群等信息化媒介，定期发布绿色社区创建活动信息，每季度公开居民关心的小区公共收益等，积极开展绿色生活主题宣传教育，以特色社区为依托，建设自然教育中心和自然科普基地，增强市民保护环境意识。建立集科普、教育展示等功能于一体的自然教室、户外课堂等，形成没有围墙的自然博物馆，使生态文明理念扎根社区。利用共建单位的优势资源，在社区建立单位社区联动的绿美建设通力合作模式。社区应进一步倡导"社区是我家、建设靠大家""种一棵小树、许一个心愿，栽一片绿植、绿一方净土"等精神，向居民宣传热爱自然、爱护自然、崇尚环保、绿色生活的新观念，从而使居民发挥主人翁的精神。

昆明市官渡区志愿服务发展促进会联合官渡街道后所社区开展"同种初心树 共筑环境新"学雷锋志愿服务活动，旨在以实际行动美化家园环境，呼吁广大群众参与到植树造林的行动中来，号召社区居民多种一棵树、少扔一片垃圾、爱护一草一木。官渡区促进会和社区的工作人员及社区的居民志愿者一起，合力通过各类活动带动整个社区参与绿美社区建设，长期推进，硕果累累，整个后所社区道路被争相开放的樱花所围绕，即使在村外，也能看到这里美不胜收，满树烂漫。[①]

充分发挥社区民主，尊重群众意愿，创新方法方式，多角度、多层次开展社区绿美活动。以云南特色苗木产业建设为基础，优先选配适应当地生长条件的乡土植物品种，以推广乡土观赏苗木为主，在新建改建绿地中，乡土树种使用数量占比不得少于80%，通过乡土植物群落的构建和营造，建设自维持和低维护的城市景观，彰显地方植被景观特色和城市生物多样性。适地、适树、适花、适草，选择适度规格的苗木，创新方法，用灵活多样的方式，带动社区居民，大规模开展社区沿路、沿河湖、沿景绿化。做到能种尽种、应种尽种。把社区生态建设与绿美建设紧密结合起来。

保山市隆阳区九隆街道在推进省级园林城市创建工作过程中，着力增加城区绿化，改善城市环境，提升城市水平，组织领导干部及社区人员认真按照"拆墙透绿、增植补绿、丰富多彩、提升品质"的生态绿化原则，对中心城区各单位、居民小区、沿街沿路、商铺等地进行增植补绿，在辖区办公场地、居住小区按照"四季常绿、三季有花"的标准采取"乔灌花草"搭配、"针阔混交"种植的方式增加绿化面积、拓展宅旁绿化、停车场绿化、垂直绿化、屋顶绿化和阳台绿化，打造办公区、居住区绿地景观。[②]

绿美之核

① 杨文俊：《云南省昆明市官渡区后所社区"同种初心树 共筑环境新"植树节主题活动》，中国公益新闻网 2021 年 3 月 11 日。
② 林青：《保山隆阳区九隆街道开展省级园林城市创建工作》，搜狐网 2018 年 9 月 23 日。

聚焦重点
大规模开展沿集镇绿化

　　城镇绿化是绿美云南建设的重点，尤其是除了中心城市之外的县城和乡镇区域，增绿补绿的潜力大，任务较重，要大规模开展沿集镇绿化建设。千方百计增加集镇区绿化，在集镇主次干道、重要节点、空置土地统筹开展规划建绿、拆违增绿、破硬增绿、见缝插绿、留白增绿，对现有绿化进

独龙江绿美乡镇建设　（曹津永　摄）

行加高、加密、加彩、加花。全力打造街旁绿地、防护绿地、道路绿地、居住绿地、公共建筑绿地、小游园等，不断提高绿地覆盖率。加强集镇区原生植被、自然景观、古树名木、小微湿地保护，积极推进荒山荒坡造林和露天矿山植被恢复。

集镇也是凸显因绿而美，突出绿美云南地域及文化特色的重点区域。要结合集镇的生态特点和历史文化脉络，着眼长远规划，选定主要树种，多层次搭配，高标准要求，以地域和文化特色凸显集镇绿美特色，做到一镇一特色，千镇千风貌，真正凸显绿美云南建设的因特而美。

红河州林草局组织开展了 2020 年红河州村庄及集镇绿化状况调查，组织省、州专家对调查成果进行审查，并将调查进行公示。通过开展村庄和集镇绿化状况调查，全面准确掌握了红河州村庄和集镇绿化状况，为扎实推进乡村振兴和最美丽省份建设目标任务考核提供参考依据；为科学编制村庄规划提供基础数据；为村庄绿化美化、集镇绿化美化及农村人居环境整治提供决策依据。[1]

① 李斌：《红河州全面完成 2020 年村庄和集镇绿化状况调查》，云南省林业和草原局网 2021 年 4 月 7 日。

　　四十年来，云南省城镇绿化快速推进。各地以州（市）、县（市、区）城镇绿化为中心，实施乡村绿化美化行动，提升农村人居环境，切实贯彻落实乡村振兴战略，大力推进森林城市、森林乡村建设。昆明、普洱、临沧、楚雄、曲靖、景洪6个城市荣获"国家森林城市"称号，凤庆县获"云南省森林县城"称号，云南省235个乡村获评"国家森林乡村"，评价认定"省级森林乡村"1081个。城乡生态环境持续改善，人民群众幸福指数显著攀升。云南省级各直属机关大力开展庭院绿化美化工作，涌现出一大批国家、省、市、县（市、区）园林单位、绿化模范单位和绿化先进集体。①

　　通过以上措施，扩大城市绿地面积，构建良好的城市生态网络，提升城市生态景观水平，推动云南省绿美城市、国家园林城市、国家生态园林城市的创建；以"增绿提质"为主线，围绕"绿美、宜居、特色、韧性"的要求，通过绿美云南三年行动、十年规划，着力构建和不断优化城市绿地系统和山水空间格局。转化资源优势，提升城市内涵品质和区域影响力，着眼于为广大市民打造宜居宜游宜乐的优美生态环境，推动生物多样性友好城市建设，建成大中小"类型丰富、特色鲜明、功能完善、景观优美、安全韧性、幸福宜居"的绿美城市格局，打造各美其美、山水人城和谐的城市。

---

① 《全民义务植树40年云南种下生态底色》，央广网2021年3月12日。

打造生态宜居的乡村

绿美乡村　　（曹津永　摄）

　　绿美乡村建设是当前乡村振兴的重要内容之一，面对乡村面积广大、绿化率不高的现状，要大规模进行绿化美化工程，发展特色林果经济、林下经济、庭院经济、乡村旅游等绿色富民产业。把乡村绿化美化与古村落、古民居、古建筑保护相结合，对于改善村容村貌，提升乡村居民生活水平和自然生态环境，提升民众的幸福感、获得感，实现乡村美、产业强、农民富的目标具有重要意义。通过对城郊村、国省道沿线村、旅游景区周边村、名村古村等村庄自然环境的改善和民居建筑风貌的统一，促进人文景观与自然景观相协调，建设绿树成荫、花果飘香，各具特色且优美、生态、宜居的绿美乡村。

绿美之核

见缝插绿
充分盘活利用"四旁""四地"

    通过农村土地综合整治，利用废弃闲置土地增加村庄绿地。结合高标准农田建设，因害设防建设农田防护林。严禁违规占用耕地绿化造林，确需占用的，必须依法依规严格履行审批手续。[①]在农村，要鼓励对荒山、荒地、荒滩、荒废以及受损山体的绿化；对农村的水旁、路旁、村旁、住宅旁进行绿化，同时，对绿化用地要实行精准化管理。在实施绿化过程中要守住红线，落实最严格的耕地保护制度，严禁超标准建设绿色通道，严禁违规占用永久基本农田种树挖塘。[②]在边角地、空闲地、闲置宅基地、拆违地这些特殊区域进行绿化美化。不管是四旁还是四地，都要遵循宜树则树、宜花则花、宜果则果、宜草则草、适地适树的原则，做到应绿尽绿。鼓励民众在自家庭院和隙地栽种花草树木，广泛开展"每年回家种棵树"等主题活动，美化家庭和村庄环境，形成人人栽树、户户养花的良好氛围。

    楚雄州禄丰市仁兴镇全面掀起"增花增绿"全域绿化提速提质热潮，已累计完成"增花增绿"33亩，以集镇区景观绿化建设为重点，扎实推动村庄绿化重点工程。仁兴镇牢固树立"绿水青山就是金山银山"的生态理念，大力实施"增花增绿"全域绿化提质增量行动，紧抓植树、栽花、种草的黄金时间，拓展绿色空间，拉大绿化美化框架，提升景观效果和镇村绿化水平，改善城乡生态环境和人居环境，让绿色成为扮靓乡村振兴的生态底色。首先，巩固提升农村公路绿化。按照"因地制宜、因路制宜、适地适树、景观协调、易于管护"的原则，着力打造"季季有花、四季常青、错落有致、美丽舒适"和"一路一花、一路一树、一路一景"的路域景观。

① 《云南省人民政府办公厅关于科学绿化的实施意见》，云南省人民政府网2021年12月7日。
② 邱玥：《科学推进国土绿化 筑牢绿色生态屏障——相关负责人解读＜关于科学绿化的指导意见＞》，中国政府网2021年6月8日。

截至目前，全镇12个村（社区）农村公路沿线已栽植天竺桂、小灌木和球形灌木树苗900余株，绿化美化农村公路里程45千米。其次，开展村庄绿化提标工程。大力推进村旁、宅旁、水旁、路旁、庭院等公共活动空间的绿化和美化。在村内通过岸线绿化、庭院绿化及村间道路绿化，将公共空间、半公共空间、私密空间有机联合在一起，村间道路两侧绿化采用"乔木＋灌木"种植模式，主要道路两旁按三至七米间距栽种樱花、天竺桂等行道树。村中庭院的房前屋后及宅旁的空地上，则结合实地面积进行了"见缝插绿"式的绿化，使高大乔木和低矮花灌木相结合，做到春有花、夏有荫、秋有果、冬有绿，四季常青，鲜花盛开。截至目前，全镇148个村民小组已完成97个村庄的绿化，栽植行道树、小灌木和球形灌木树苗500余株，栽花11亩、

大理鹤庆奇峰村绿美乡村建设　　（刘镜净　摄）

绿美之核

绿美村庄大理白塔邑　　（刘兵　摄）

种草 12 亩。①

　　昭通市昭阳区把乡村绿化美化作为实施乡村振兴战略和推进农村人居环境提升的重要内容，强化资金筹措，突出示范引领，推进示范工程建设、农田林网绿化、"四小园"建设绿化和农村"四旁"绿化，让绿美村庄成为乡村振兴的靓丽风景线。昭阳区按照相关文件要求，结合全区要开展的美丽村庄、精品示范村的建设情况，区乡村振兴局安排了 410 万株树苗，确保美丽村庄、精品示范村的打造，围绕农村小菜园、小庭院的绿化美化来打造精品示范村庄，在这个过程中主要目的是生态宜居，让群众在生产生活中种植树苗有经济收入，达到春天赏花、夏天纳凉、秋天摘果的目的。昭阳区计划从 2022 年起用三年时间在 20 个乡（镇、街道）办各个村（社区）农村居民房前屋后及其周边、村庄附近的村道、河道、沟渠旁，规范新植绿化苗木 995 万株以上，即 2022 年新植 410 万株，2023 年新植 350 万株，2024 年新植 235 万株以上，以三年绿美行动，打造乡村美丽风景。旧圃镇加大宣传、层层发动，引导群众自发在房前屋后、村组道路、闲置土地植树绿化、栽花美化，共建美丽家园。在全域绿化美化三年行动中，旧圃镇把村庄环线作为实施重点，在村组串户路、活动广场、村民庭院、房前屋后、闲散地和空隙地，采取建设小花园、拆旧复绿、见缝插绿、破硬植绿等方式，种植枇杷、车厘子、柿子等果树，合理配置绿篱和花卉，建设生态美丽宜居村庄。截至目前，旧圃镇已经在后海、锦屏、红泥、大村等村（社区）栽种了枇杷、柿子、桂花、樱花等树种 5000 余株，通过发动群众在房前屋后、村庄闲散空地栽种果树 8000 余株。②

　　文山州以建设森林乡村为载体，持续加大乡村绿化美化力度，启动建设一批"森林乡村"。利用村庄闲置土地见缝插绿，鼓励和引导广大农民

① 刘泽致：《禄丰市仁兴镇全域绿化美化人居环境》，云南楚雄网 2021 年 8 月 6 日。
② 朱晶晶、凌操：《云南昭通昭阳区：让绿美村庄成为乡村振兴的风景线》，云南一县一品网 2022 年 4 月 24 日。

绿美乡村老达保　　　（刘镜净　摄）

群众在房前屋后、田边地角发展小菜园、小果园、小花园。丰富美丽乡村内涵，大力推进智慧旅游、数字农业、生态农业发展，鼓励将农村人居环境整治与农村一二三产业融合发展、全域旅游发展等有机结合，塑造一批集田园观光、科技展示、农耕体验、民族风情于一体的田园综合体。[①]

① 《文山州将实施五大工程，建设美丽文山》，云南网—文山新闻网 2020 年 6 月 5 日。

绿美之核

林果并重
助推乡村振兴

乡村的绿化美化既要考虑到乡村绿化率的增长，也要考虑到农民经济收入的增加，兼顾生态、经济和景观效果。将乡村绿化美化与产业发展相结合，鼓励有条件的乡村开展苗木种植，推广林草、林花、林菜、林菌、林药、林禽、林蜂等林下经济发展模式，培育农民专业合作社、家庭林场等新型经营主体。利用乡村人文和自然景观资源，发展庭院经济、森林观光、林果采摘、森林康养、乡村民宿、生态旅游等乡村旅游项目，推进一二三产业融合，带动乡村生态产业发展。把绿化美化村庄与村民增收相结合，既能充分调动农民积极性，也能促进乡村的发展和振兴。

在选择经济林木过程中，要做长远考虑，因为经济林木生长周期都较长，成形以后再替换成本太大。要因地制宜，结合村庄情况，既要考虑当地的气候、土壤、光照、降雨等条件，也要考虑市场需求，发展适合村庄的经济林木和花卉产业。

云南省杨善洲绿化基金会自成立之日起，就将生态产业扶贫融入造林绿化活动中，致力于搭建"绿色发展+"扶贫助困合作平台，带领山区群众走出了一条生态优先、绿色发展的可持续增收致富之路。2015年至2019年，基金会连续五年获得"中央财政支持社会组织参与社会服务示范项目"支持，先后在禄丰市、马龙县（2018年改为马龙区）、贡山县、维西县、玉龙县实施生态产业扶贫项目。2020年至2021年，基金会连续两年获得中华环保基金会的资助，成为"青山公益合作伙伴"。广南县222户村民从中受益。该项目促进了当地生态产业发展，巩固了脱贫攻坚成果，维护了边疆少数民族地区团结稳定的局面。此外，基金会注重林下资源开发，先后在陇川县、瑞丽市、芒市、昭通市昭阳区、保山市隆阳区、马龙县、云县、马关县、贡山县、维西县、玉龙县、广南县等地区推广种植林下绿色药材和经济林果，养殖生态猪、生态鸡等项目，助推山区经济发展。经过多年努力，基金会摸索出了一条寓绿化造林于带动村民致富的成功经验，并将在参与乡村振兴中得到进一步检验和提升。①

石屏县大桥乡大平地村围绕"绿色、生态、人文、宜居"元素，倡导"田园风光是农村最美的风景，蔬菜林果是农村最好的绿化"建管理念，调动村民参与规划、参与拆除、参与建设，坚持因地制宜、把拆临拆危与村庄规划建设、绿化美化相结合，利用整理出来的闲置地和家庭院落，广泛种植适宜的瓜果蔬菜、绿化苗木等，将房前屋后打造成为小花园、小果园、小菜园，形成了"可食用、可观光、可美化"的最佳效果，并探索出一条以"五小三公一体系一产业"为带动的农旅发展融合新路径。通过引进种植石斛花，打造以鲜花、绿树、溪流、叠水等元素结合的石斛生态廊道，推广利用火龙果夜间灯光催长的农业技术，展示连片的火龙果夜花夜景，形成以火龙果种植为主，集"田园风光、采摘体验、休闲养生"为一体的"小型田园集合体"乡村旅游产业体系，带动了农产品销售，提升了农业附加值，拓宽了农民增收渠道。②

① 赵宇新、王德祥：《助推绿色发展 添彩美丽云南——云南省杨善洲绿化基金会 10 年工作回眸》，《中国社会报》2021 年 8 月 16 日。
② 资料由云南省红河哈尼族彝族自治州石屏县委提供。

绿美之核

强根筑基
保护村庄内的古树名木

　　古树名木是珍贵的自然资源，不仅是自然演变的岁月象征，具有重要的观赏价值，更是乡愁记忆的重要承载者，是一个村落历史人文演变的见证者，能反映一个村庄爱护林木、保护自然的良好习俗，保护好村庄内的古树名木具有重要的生态意义和现实意义。在云南的很多村庄，有几百年树龄的古树比比皆是，"村口的老核桃树""山里的老栗树和千年松柏"等成为维系人们的乡愁记忆和凝聚家园情怀的深情认同，这些古树能够保留到现在跟生活在其中的民众良好的生态保护意识分不开。要对村庄风水林、护村林、风景林、古树名木等自然植被进行有效保护。

　　古树名木由于树龄大、树体长势逐渐衰弱、根生长力减退、死枝数目增多、抗逆性差、极易遭受不良因素的影响，因此要严格保护修复古树名木及其自然生境。不要随意搬迁，不宜在周围建房挖土，要做好防雷击工作，在树干一定部位撑三脚架，及时修理枯枝，指派专人进行管理，加大对盗采古树名木违法犯罪行为的打击力度，实行挂牌保护，及时抢救复壮。

　　翁基村隶属普洱市澜沧县惠民镇芒景行政村，位于海拔 1700 米的云海边缘。居住于该寨的布朗族是云南最早种茶的民族之一，完整保留和传承了布朗族的生态文化，村寨周边古树参天。村内有一棵著名的古柏树，经研究鉴定，树龄在 2500 年以上，树根径围 11 米，胸径 3.5 米，树高20 余米。相传翁基后山上有妖龙为恶村里，为解除村民苦难，一佛爷来到村头打坐诵经，点化恶龙。日久天长，恶龙终受感化而变身成为柏树。它与古寺相伴相生，绿荫蔽天，村民称此为"古柏听经"。

景迈山翁基古寨千年古柏　　（刘镜净　摄）

第三节
铺筑多彩多样的交通

  公路、铁路、港口（码头）、机场等是一个城市、一个地方发展的命脉，对其进行绿化美化是交通建设的重要组成部分，对于提高交通安全性和舒适性，保护自然环境，缓减交通建设对环境造成的影响具有重要的意义，是展示一个地区自然景观、人文风情的重要窗口。绿美交通建设范围为进出云南交通要道，大滇西旅游环线，机场高速（机场连接线），旅游公路、自驾游精品

绿美云凤高速　　　（云南交投集团供图）

线路，进出城区的交通干线，机场、港口（码头）、服务区、铁路客运站。建设要求是依据交通干线两侧的自然状况和需要，分层次、分地域、分地段确定建设标准，打造生物多样性水平高、季相变化丰富、生态功能完备的景观廊道，构建四季常绿、四季有花、层次分明、错落有致的立体生态绿化体系，着力打造靓丽风景线和浓缩的明信片，形成畅通、安全、舒适、美丽的绿美交通网络，让云南美在路上、留在心间。

文山州绿美高速建设　　（文山广播电视台供图）

路景融合
开展交通沿线绿化美化

全面推进交通沿线用地范围内的绿化美化工作。挖掘公路铁路沿线自然景观，创新"路景融合"建设模式，建设一批各具特色的林荫大道、鲜花大道、生态景观大道、绿色骑行环道等绿色生态大道，建美每一条城市道路、乡村道路、公路、铁路、机场高速路等绿美交通，加大公路路域环境整治力度，确保公路"畅、平、美、绿、安"。持续开展城镇面山、裸露山体造林绿化，实现可视范围内无明显宜林荒山、荒坡。严格落实新建和改扩建公路铁路绿化工程与主体工程同步设计、同步施工、同步验收的要求，构建生态廊道。①

公路绿化应与沿线景观环境协调，并考虑总体景观效果。公路通

绿美之核

---

① 《关于努力将云南建设成为中国最美丽省份的指导意见》，云南网 2019 年 5 月 9 日。

过草原、湿地或毗邻山水林田时，应遵循"绿化＋自然"原则，优先选用乡土植物，并预留透景线。结合当地特色，分段栽植不同树种，"乔灌草"和立体绿化相结合，不裸露土壤。同一路段应形成统一风格，不同路段可有所变化，和谐有序。绿化设计应符合不同通行速度的观赏规律，并根据总体布局，结合当地自然和人文景观，与周围环境相协调。

建设绿美公路，打造最美丽省份的亮丽风景线。按照云南省委省政府关于建设"美丽公路"的决策部署，在高速公路两侧100米以外公路视野范围内，对给公路沿线景观造成不良影响的植被破碎区域，采取自然修复与人工修复并举，通过退耕还林、封山育林等方式推进造林绿化和森林扩面提质，实现增绿复绿和环境质量提升。昆明至大理至丽江沿线，以"一条玉带衔明珠，一路青山探秘境"为主题，昆明至西双版纳景洪至磨憨沿线，以"展滇南门户风采，览云岭钟灵毓秀"为主题，建成绿色生态景观廊道，形成展示体验地域民族文化特色的走廊。

2019年至2020年，云南省杨善洲绿化基金会与昆明市林草局、昆明市晋宁区、安宁市等地合作，在有关高速公路沿线实施"美丽公路景观美化·杨善洲纪念林"种植活动，为建设"最美省份"增绿添彩。①

---

① 赵宇新、王德祥：《助推绿色发展 添彩美丽云南——云南省杨善洲绿化基金会10年工作回眸》，《中国社会报》2021年8月16日。

生态优先
推进重点区域生态修复

对建设期边坡、取弃土场、临时用地等区域进行生态修复。建设期边坡、取弃土场、临时用地等这些特殊区域容易产生粉尘、烟尘影响大气环境，而且会损毁原有地貌和周围植被，影响动物和微生物系统，损毁土壤结构，容易造成水土流失。急需对其进行生态修复，降低这些地域带来的环境污染和生态破坏。在生态修复过程中要考虑到这些特殊区域的地形、气候、土壤和破坏程度，在植物选择上要选择成本低、种植管护简单、生长快、固定和改良土壤效果好的植物类型，遵循宜树则树、宜草则草的原则，既要考虑到美观，又要考虑到安全。

开展增阔提色、生态修复和森林质量提升工程。对交通要道两侧及可视范围内第一重面山这样的重点区域进行生态修复和森林质量提升，交通要道两侧及可视范围内第一重面山是最直接影响道路景观的区域，做好这一重要区域的绿化美化工作不但可以为道路景观添彩，还可以促进生态系统的良性循环。交通要道两侧的生态修复要本着固土护坡为主的原则，选择具有良好固土护坡作用的植物，采用混合种植模式。可视范围内第一重面山要优化植被结构，栽种容易成活、观赏性强、水土保持能力强的植物，提升森林质量。

绿美之核

香格里拉乡村绿美公路建设　　　（周志旺　摄）

　　大理白族自治州洱源公路分局联合乔后镇温坡村委会在米子坪电站旁山体滑坡灾害治理点种下 600 余株柏杨树。治理点上，去年种下的 2.3 万株树苗已顺利成活，迎风而立。乔后镇是洱源县地质灾害多发频发的乡镇，多年来，由于山体滑坡、植被毁坏、泥石流顺沟而下，常常造成道路交通中断。洱源公路分局谋划植树防治泥石流护路工作，加大黑惠江上游生态养护力度，连续两年组织全体干部职工在山体滑坡处植树稳固水土。洱源公路分局定时对树苗进行观测，总结种植方法，将在 3 到 5 年内有计划地开展植树防治地质灾害护路活动。①

---

① 《爱绿植绿护绿 共建美丽家园》，云南省人民政府网 2022 年 3 月 14 日。

因地制宜
进行特定区域绿化美化

对机场、交通连接线、服务区、分隔带、路侧绿带、立交区、沿线设施、场站、港口（码头）、铁路客运站、隧道洞口等可绿化区域进行绿化美化，首先，对原有绿化带进行修剪整形、补种、清理林地内残枝杂草；其次，根据这些区域的各自特点栽种树木、花草，对分隔带、路侧绿带合理设计植物的高度和密度，选择适宜的树种，在确保交通安全的情况下，达到整齐、协调美观；在一些路口、隧道洞口栽种标志性植物，起到提示作用；港口（码头）、客运站等可以乔木灌木搭配，草坪花卉错落，打造花园式港口、园林式港口；铁路两侧的绿化要严格遵守相关要求，保留足够的与铁路轨道的距离，只能种灌木的地方不能种乔木，只能种草坪的地方不能种灌木，宜乔则乔、宜灌则灌、宜草则草。铁路客运站的绿化则可以根据每个站的情况，突出民族特色和地方风情，用不同的植物和色彩打造出独特、宜人、舒适、多样的火车客运站。进一步提升高速公路服务区的文化内涵和外观风貌，积极引进更多的知名品牌入驻服务区。

绿美之核

绵延青山中的状元红 （娄建伟 摄）

禄丰市仁兴镇高标准实施集镇区景观绿化。以仁兴收费站出口处、安武路沿线、集镇区广场为重点，大力开展"大树大草坪摆石＋路边增花增绿"人居环境绿化美化行动。目前，集镇区共完成绿化11亩。集中打造仁兴收费站口至安武路沿线，在小镇公园、党建文化广场建设的基础上，辅以安武路沿线蓝花楹、红叶石楠、木棉树的合理搭配，景观效果已初步显现。①

① 刘泽致：《禄丰市仁兴镇全域绿化美化人居环境》，云南楚雄网 2021 年 8 月 6 日。

绿美之核

合理布局
强化重点路段增绿、添彩

科学进行"加""减""疏""补"，通过植物组合、色彩对比、高低错落、景观设置等方式，点、线、面结合，乔、灌、花、草、景搭配，逐步打造交通精品线、风情线、生态线、产业线。在重点路段通过增绿、添彩等方式，展现地域性、识别性、观赏性景观，重点路段是展示一个地方历史、自然、人文的窗口，在不同的地域、不同的路段栽种不同的树种，以展现一个地方的自然、人文风情。如有些路段栽种榕树，有些路段栽种樱花，有些路段栽种银杏，打造路路不同、路路有特点的景观。

按照"服务区＋旅游"融合发展的思路，全面提升服务区的景观性、舒适度，鼓励打造"打卡地"。铁路站场绿化美化要按照"一站一景"设计建设。机场绿化美化要按照"一场一景""一场一主题"，结合地方文化特色和自然条件，多选择姿态飘逸、花色淡雅、美观耐阴、易于维护的植物打造最美窗口门户。港口码头绿化美化要结合水运工程特点，因地制宜，增绿添彩。注重植被生态修复和植物造景相结合，注重生态、景观与经济效益的结合。树种搭配兼顾近期和远期、乡土与外来适生，考虑场地功能、空间层次、色彩搭配、季相变化、生态习性等因素，合理配置基调树种和骨干树种。

为大力推进"千里绿道，万里花带"建设，文山壮族苗族自治州砚山县林业和草原局，对文山机场周边环境实施为期一个月的绿化美化提升工程建设，提升了砚山城市文明形象。此次绿化美化提升工程实施范围涵盖机场、206省道、盘龙高速路入口道路两侧，以立体美化绿化为建设基础，

城乡绿美交通建设　　（松学宝　摄）

按照乔灌结合、花草搭配方式，打造出了"常绿落叶搭配、观花赏叶结合"的文山机场绿化美化格局。截至目前，机场绿化美化工程全部完工，共种植三角梅花柱 26 株、云南樱花 310 株、红花木莲 265 株、蓝花楹 155 株、红叶石楠 24 株、黄金香柳 4 株、桂花 1 株、80 厘米三角梅 230 株、三角梅地苗 181168 株、草本花卉 239190 株，总投资 220 万元。下一步，砚山县林草局将持续做好"千里绿道，万里花带"建设，将生态环境打造成为砚山发展的一张亮丽名片，为人民群众创造更美好的生活环境，更好地提升城市形象，不断提高群众的获得感和幸福感。①

总之，绿美交通的建设，要依据交通干线两侧的自然状况和需要，分层次、分地域、分地段确定建设标准，打造生物多样性水平高、季相变化丰富、生态功能完备的景观廊道，形成畅通、安全、舒适、美丽的绿美交通网络，让云南美在路上、留在心间。

① 《砚山县林草局开展绿化美化提升工程扮靓文山机场》，《潇湘晨报》官方百家号 2021 年 11 月 23 日。

绿美之核

第四节
再现岸绿景美的河湖

河流、湖泊，包括水库、水利风景区、环湖绿道等蕴藏着丰富的自然资源，是人类赖以生存的重要资源，做好河流湖泊保护，关系到经济社会的发展，也关系到生态的安全，更关系到全人类的长远福祉。建设绿美河湖是保护好河湖的重要举措，建设绿美河湖，对于保护多样性的物种资源，促进人与自然和谐发展、生态安全屏障建设有重要作用。要结合不同水体的生态环境和分布特点，分不同区域、不同类型，结合岸坡稳定、行洪安全、生态修复、自然景观要求，因地制宜开展河湖沿岸绿化美化提升工程，打造生态安全、水清河畅、岸绿景美、人水和谐的河湖美景。

保护为先
加强湖滨生态带建设

湖滨生态带是连接陆地和水域生态系统的重要部分，可以拦截污染、净化水体，减缓人类开发活动对河湖生态环境的负面影响，提升生态系统完整性，具有多重生态服务功能。湖滨生态带的绿美建设要以生态修复为主，景观功能为辅，减少人为干扰，合理选择河湖生态修复的治理技术。对于不同河湖的缓冲带要因地制宜，对有饮用水水源、珍稀物种保护的河

滇池湖滨生态带　（刘兵　摄）

湖要严格限制人为干扰，具有景观娱乐设施的河湖可以设置一定的亲水设施。优先选用透水性强、多孔质构造的自然材料，为水生生物创造安全适宜的生存和生长空间。应结合高低错落的台阶、平台及漫步道等亲水设施，传承城乡历史文化，提升河湖及河湖缓冲带的复合功能。强化湖泊自然岸线保护，实施湖滨湿地和林草植被建设，推进湖泊生态廊道建设，因地制宜开展沿湖生态廊道加密、加彩、加花等优化美化工程，做到应绿尽绿、应湿尽湿。

实施湖滨带与湿地连片建设工程，实现湿地与入湖河道、湿地与湖体连通，提升湿地环境效能。[1]全面加强沿湖湿地管理保护，对功能降低、生物多样性减少的湿地进行综合治理，修复退化湿地，逐步扩大湿地面积，改善湿地生态结构与功能，开展湿地可持续利用示范。通过建设柔性岸线、

① 《关于努力将云南建设成为中国最美丽省份的指导意见》，云南网 2019 年 5 月 9 日。

绿美之核

绿色护岸等方式，优化河流生境，提高生境异质性和生态亲和性，提升生态系统结构的稳定性。"湿地具有涵养水源、净化水质、维护生物多样性、蓄洪防旱、调节气候和固碳等重要的生态功能，对维护我国生态、粮食和水资源安全具有重要作用。我国已针对湿地保护进行了立法，2021年12月24日，《中华人民共和国湿地保护法》在第十三届全国人民代表大会常务委员会第三十二次会议上通过，该法于2022年6月1日起施行。湿地保护法明确了湿地的定义和范围，并规定国家严格控制占用湿地。"[1]

大理州创建"美丽河湖"成效显著。加强洱海流域面山绿化、湖滨生态带和湿地建设，实现洱海流域应绿尽绿、应湿尽湿。不断提升洱海生态廊道智慧化运营水平，推动洱海水质、水环境、水生态持续改善。[2]

洱海生态廊道修复工程以自然恢复、还原湖滨缓冲带生态功能及原始自然风貌为主要方法，重建原有生物种群和生态系统，有效解决面源污染问题，构建从水到岸到湿地的缓冲区，以及到村庄的绿色空间，形成了更有层次的典型湿地生态环境，更加有利于物种丰富，有利于人与自然的和谐相处。截至目前，洱海生态廊道项目修复生态岸线累计32千米，修复生态湿地和入湖河口共计790万平方米，奠定了生态屏障的绿色基地。今天的洱海，已看不到伤痕累累的湖滨岸线，取而代之的是修复后的大量湿地、入湖河口等形成的自然驳岸或保育区。[3]

泸沽湖在云南境内有9条入湖河道，从2017年开始，泸沽湖景区就从上游水源涵养林恢复、中游河岸的生态修复以及下游生态湿地的恢复三个方面实施入湖河道生态治理工程。为保护河岸生物多样性，景区实施了泸沽湖湖滨生态带建设工程，在80米生态红线范围内退耕还草、退塘还湖，

① 《2021中国十大绿色事件》，绿色中国2022年1月28日。
② 郭鹏昌：《让绿色底色更鲜亮 大理市强力推进生态大保护》，《大理日报》2022年2月22日。
③ 李承韩、车熙：《绿色屏障护卫洱海》，《云南日报》2022年2月18日。

洱海生态湿地建设 （曹津永 摄）

目前已经建设了的 1500 亩湖滨生态带。[1]

　　为进一步改善滇池水质，自 2019 年起，西山区在辖区滇池湖滨带范围内，逐步开展滇池湖滨湿地的提升改造工作，加快提升草海及周边水环境质量，构建层次分明、色彩丰富的滨湖空间，提升区域环境品质，以环境改善促进区域社会经济的发展，打造具有独特地域魅力的滇池湖滨湿地。现已实现滇池湖滨生态湿地西山段闭合，建起一道以自然生态为主、功能完善的湖滨生态绿色屏障。西山区现有滇池湖滨生态湿地约 1.61 万亩，以湖滨西路为界分外海及草海两部分。外海以未经提升整治的原湖滨湿地为主，草海以功能型及市政型湿地为主。目前草海片区已完成提升整治湖滨生态湿地 3874 亩，对滇池生态环境质量的改善具有重要意义。[2]

绿美之核

① 《泸沽湖：打造智慧旅游 保护生态环境》，云岭先锋网 2020 年 9 月 14 日。
② 张彤：《昆明市西山区加大对滇池湖滨生态湿地保护和治理》，云南网 2022 年 5 月 31 日。

突出重点
开展沿河湖绿化

河湖聚焦水清、岸绿、景美开展绿美建设。在可以开展观光、娱乐、休闲、度假或科学、文化、教育活动的水利风景区，结合水库型、湿地型、自然河湖型、城市河湖型、灌区型、水土保持型等不同类型，以景区打造和生态修复为重点，以绿化美化建设促进生态修复和生态系统稳定性为重要目的，大力开展水利风景区的绿美建设。

滇池治理以流域上游到下游狭长带状为轴线，统筹水域、边坡、陆域，对河流沿岸进行披绿改造。在环湖及周边区域大力推进植树造绿，加快环湖植被恢复，促进湖岸景观美化、协调。以水生植物群落恢复和重建为重点，选择土著优势水生植物物种进行大面积推广种植，建设"水下草场"。①结合岸坡稳定、行洪安全、生态修复、自然景观要求，分区分类进行设计。"根据自然地理气候条件、植被生长发育规律、生活生产生态需要，合理选择绿化树种草种。江河两岸、湖库周边要优先选用抗逆性强、根系发达、固土能力强、防护性能好的树种草种。"②

坚持生态性和景观性融合的基本原则，结合城市水污染方式和生态修复工作，强化城镇区河湖的生态修复和绿化美化建设。加强城镇周边水库库区林草植被建设，营造水源涵养林，

① 《关于努力将云南建设成为中国最美丽省份的指导意见》，云南网 2019 年 5 月 9 日。
② 《国务院办公厅关于科学绿化的指导意见》，中华人民共和国中央人民政府网 2021 年 6 月 2 日。

昆明市绿美河湖建设 （刘镜净 摄）

开展生态环境综合治理。沿河湖的绿化工程，要设计层次丰富的景观植被，优先选种本土树（草）种，考虑季相变化和色彩搭配效果。针对白石溪河道两岸绿化树种杂乱、缺乏美感，个别库塘离河道较近存在溢流污染隐患等问题，大理州树立对洱海保护的系统性认识，坚持"山水林田湖草"系统治理综合发力；统筹规划，对河道绿化树种进行科学筛选，因地制宜、一河一策，打造一河一景。①

为保护洱海，大理白族自治州委、州政府从2017年以来实施"海东面山绿化工程"，按照"林水结合、综合治理"的思路，生物措施与工程措施综合应用，乔、灌、草、藤立体搭配，开展系统性生态修复。为避免造成原生植被的破坏，面山绿化杜绝机械上山，所有的土方均采用人工开挖。采用见缝插绿、点播撒播的方式，进行生态修复治理。能够开塘换土的地段，采取挖大塘、换土、施底肥、植大苗方式进行绿化；疏林地、灌木林地采取森林抚育，改造培养方式提升林分质量；岩石裸露石漠化严重地段，采取补播车桑子等树种，增加林草植被。在开展工程造林的过程中，科学选择造林树种，实行造管并举、包种包养。绿罗山的造林地块石漠化严重，必须进行换土种植，靠人背马驮，运送引水上山的钢管及客土、树苗，经过半年多的努力，种下860亩云南樱花、滇朴、滇润楠等树种。秀北山森林公园占地1190亩，原来是一个地形破碎的泥石流冲沟和渣土弃土场所，如今成为集地质灾害治理、城市园林景观森林公园建设、雨水收集回用并形成自然水面景观、中水全覆盖使用的一个绿色生态环保示范工程。天秀路边坡绿化采用"鱼鳞坑客土定植"技术，该技术来自白族民居庭院中的大理石花盆的启发。在土壤极少、坡度较大的石漠化陡坡上，开凿出一个

---

① 李百祥：《陈真永率队调研白石溪河道治理及河岸绿化美化工作时强调因地制宜一河一策抓实洱海入湖河流治理》，《大理日报》2022年5月7日。

个鱼鳞状的"大花盆"，从外面运来肥沃的客土，种上三角梅、青刺果、杂浆草、倒钩刺等"叶子花"。又引进以色列滴灌技术，通过与中水回用系统连接，保证植物生长需求。引进国内外领先的边坡生态修复技术，采用乔灌混交林业工程造林、汇播植草、爬藤植物种植、挂网喷浆等多种技术，提升边坡绿化和生态修复能力。[1]

文山州大规模开展沿河湖绿化，加强主要水系干流及主要支流和中型水库径流区的森林植被保护，打造河湖（库）湿地系统，抓好第一层山脊线内的绿化，提升水源质量。落实饮用水水源地库区面山绿化，加大水源保护区产业结构调整力度，减少农业源污染，加快河湖库渠周边绿化和农田林网建设，在环河湖（库）及周边区域大力推进植树造绿，扩大水源涵养林面积，充分发挥其美化环境、保持水土、涵养水源等功能。2020年，开展了普者黑美丽湖泊和驮娘江美丽河流建设。[2]

玉溪澄江市为加强流域林地抚育，提升流域水源涵养能力和水土保持能力，实施抚仙湖生物多样性保护工程，对森林抚仙湖项目开展抚育提升，持续开展主要入湖河道两侧8900亩生态隔离带景观绿化苗木的栽植、县级机关样板林2900亩多树种、多层次、多色彩的生态景观森林系统绿化苗木的栽植、建设梁王河水库和东大河水库旁4400亩的经济林和绿化苗木的栽植及抚育。针对抚仙湖径流区60多万亩林地，进行抗旱建设工程以保证林木成活率。计划到2025年，使抚仙湖径流区森林覆盖率由39.25%提高到40.52%，进一步提升抚仙湖陆域水源涵养功能，基本形成生物多样性丰富、生态承载力强的陆域生态安全屏障。[3]

① 秦蒙琳、庄俊华：《三年系统性生态修复，洱海东岸面山披绿装》，云南网2021年3月15日。
② 《文山州将实施五大工程，建设美丽文山》，云南网—文山新闻网2020年6月5日。
③ 澄江市人民政府：《抚仙湖水环境保护治理"十四五"规划》，2022年1月。

绿美之核

昆明市采莲河绿美建设　　（刘镜净　摄）

创新制度
全面落实河（湖）长制

在各级党政负责人担任河长、湖长的制度下，可以统筹推进河流治理和保护，它是破解九龙治水、多头管理难题的一项制度创新。河长制、湖长制本质上是一种责任承包制，人河对应、人湖对应，河长、湖长统筹协调推进，可以避免多头治理的混乱局面。主要工作内容包括水资源保护、水安全保障、水污染防治、水环境治理、水生态修复、水域岸线管理等。河长制、湖长制的实行，在对河湖绿化美化过程中可以直接、准确地定位其所负责的河流、湖泊，能更科学高效地实现建设绿美河湖的目标。在绿化美化过程中，让每一条河、每一个湖泊、每一座水库都由河长、湖长牵头负责相关工作，实行河长、湖长责任制。

近五年来，云南河湖长制实现从"有名有责"到"有能有效"，水资源保护、水域岸线管理、水污染防治、水环境治理等河湖突出问题得到有效解决，河湖面貌发生根本性变化，河畅、水清、岸绿、景美的目标正逐步实现。2020年，全省评定县级美丽河湖400个，州（市）级美丽河湖287个，省级美丽河湖116个。2021年省级美丽河湖申报对象528个，已初评122个。每年落实1亿元的美丽河湖省级财政奖补资金，连续4年对美丽河湖建设各项任务完成较好的州（市）进行奖补，全面推动全省美丽河湖建设。

云南举全省之力，围绕河湖长制六大任务，以问题为导向，开展山水林田湖草系统治理，全面推进河湖库渠水污染防治、水环境治理和水生态修复，河湖生态环境持续复苏，水环境质量持续改善，河湖库渠管护初见成效。①

玉溪澄江市纵深推进河（湖）长制，制定《澄江市河长履职细则》《澄江市河（湖）长履职规范（试行）》，构建"定区域、定人员、定责任、定任务、定标准"的全流域网格化管理体系。制定《澄江市河道管理考核办法》，强化河长、责任单位常态化监管，并将考核结果纳入年度综合考评。开展春季清河行动，发布澄江市2022年1号总河长令，动员全市深入开展清河渠、清库塘、清湿地、清"四乱"等清河行动。2022年以来，各级河长累计巡河1119次，清理岸上岸下垃圾792吨、河道淤泥3726立方米。②

① 《全面推行河湖长制5年来 云南河湖面貌实现根本性转变——有名有责 有能有效》，人民资讯2022年1月17日。
② 资料由澄江市相关部门提供。

强化教育
增强水生态保护意识

水文化具有悠久的历史和丰富的文化底蕴，水景观是水文化的一部分，是水文化内涵的外在表现，也是人类精神和思想的载体。缺少文化内涵的景观是没有底蕴和活力的。水景观的建设或塑造是水文化表达的重要方式。在对河湖进行绿化美化过程中，进行水文化专题景观建设是十分必要的，不仅可以更科学、系统地展示水文化，还可以让民众更直接地了解相关的水生态文化，增强水资源、水生态保护的意识。在重要城镇周边水利风景区更要加强水文化专题景观建设，打造民生水利宣传、教育、示范基地。在水文化景观营造过程中，首先要进行长远规划，进行主题创意，避免滥用水文化资源的现象。

昆明滇池国家旅游度假区结合2022年"世界水日""中国水周"主题，在度假区实验学校开展生态环保主题实践活动暨"珍惜水·大手牵小手＋小手拉大手在行动"志愿服务活动。通过展示同学们的节约用水主题手抄报，集体观看节水、气象科普教育片，精心设置地下水污染、防治与保护模拟实验，根据小学生年龄特点设置节水、环保知识问答等环节，寓教于乐，激发同学们对生态环保知识的兴趣，启迪同学们珍惜水资源、保护水环境。通过大手牵小手方式，引导近300名同学通过小手拉大手影响300个家庭，从而形成辐射带动作用，让更多市民朋友参与环境保护、节约用水、珍惜水资源。[①]

云南省河流、湖泊、水库众多，是西南生态安全的重要屏障，做好河流湖泊的保护，是统筹推进山水林田湖草沙治理的重要一环，也

---

① 熊明：《"小手拉大手"昆明滇池国家旅游度假区开展生态环保主题实践活动》，云南网2022年4月1日。

美丽的独龙江 （刘镜净 摄）

是践行"绿水青山就是金山银山"理念的重要内容。建设绿美河湖，在大规模开展沿河湖绿化美化的过程中要注意原有生态系统的保护，做到节水优先、因地制宜、分类施策，建设水清、岸绿、景美的河湖景观。

第五节
营造优美怡人的校园

　　校园是传播文化知识的重要载体，也是学生成长的重要场所，校园环境的好坏对于学生的发展、教育有重要影响。因此，做好校园绿化美化工作非常重要。在绿美校园建设中要统筹生态、人文、安全、科普等要素，适应不同学龄学生需求，充分利用校园的自然景观元素，人工造景与自然环境相融合，营造既满足环境育人功能、又满足生态功能的校园环境。

云南大学的美丽校园建设　　（祁志浩　摄）

　　早在 1996 年，我国就在《全国环境宣传教育行动纲要》中首次提出了绿色校园的概念。它强调将环保意识和行动贯穿于学校的管理、教育、教学和建设的整体性活动中，引导教师、学生关注环境问题，让青少年在受教育、学知识、长身体的同时，树立热爱大自然、保护地球家园的高尚情操和对环境负责任的精神；掌握基本的环境科学知识，懂得人与自然要和谐相处的基本理念；学会如何从自己开始，从身边的小事做起，积极参与保护环境的行动，在头脑中孕育可持续发展思想萌芽；让学校里所有的师生从关心学校环境到关心周围、关心社会、关心国家、关心世界，并在教育和学习中学会创新和积极实践。它不仅成为学校实施素质教育的重要载体，而且也逐渐成为新形势下环境教育的一种有效方式。现在的绿色校园不仅仅是环境绿化，更重要的是要加入到学科当中，作为理论知识来学习，更要结合实际做实事。①

　　建设绿美校园，首要的是要分类统筹，要明确不同类型的校园，其建设特质和目标各有差异。高校校园应精心设计，在优化提升现有植被景观基础上，突出特色，打造师生喜爱的景观，通过绿化美化展示校园文化气息和精神风貌；中学校园应优化学习生活环境，增加绿色空间，积极融入美学与艺术设计元素，强化生态文明教育和科普的功能；小学和幼儿园的绿美校园建设则强调生态安全、趣味性和启发性，创造亲近自然的条件。建设云南绿美校园，就是要在硬件条件上建设绿树成荫、鸟语花香的优美校园环境；在思想观念上传播生态文化，增强青少年的环保意识，不断提高环境育人的成效。

---

① 《喜报 | 云南农大附中荣获"昆明市绿色学校"荣誉称号！》，搜狐网 2022 年 3 月 11 日。

保护根基
营造多层次、多物种的校园绿色体系

校园建设应考虑与自然环境的协调，注重与社会资源整合和协调。合理利用校园土地，规划合理的容积率与绿化率。新建、改建、扩建学校项目应保护场地内原有的自然水域、湿地和植被，采取表层土利用等生态补偿措施，降低对场地的扰动。

在绿地景观的规划与建设中，合理保留原有植被、动物栖息地。科学研究并应用适宜的技术修复和重建已被破坏的生态环境。合理规划校园绿地，努力实现校园绿地的均衡布局与绿地景观的品质提升。

云南大学呈贡校区 　　（徐松 摄）

校园应结合地域、地形及气候特征，积极营造具有校园人文气息，符合师生的心理特点和学习、交流、休息、运动等需要的校园景观，水系规划应结合校园自然条件和经济条件，不可豪华奢侈建设。

云南大学呈贡校区"处处是景，季季有花"的景色让人流连忘返，学子游客纷纷点赞其不愧是"中国十大最美高校之一"。为打造森林校园、生态校园，实现绿色校园的构想，学校启动了"绿化、文化、美化"的三化建设工程。学校泽湖于 2017 年 4 月建成，充分利用地势条件储水，储蓄量达 20000 立方米，湖里养鱼 400 多斤，湖面上黑、白天鹅戏水，为校园增添了不少乐趣。校园内还打造了中外大学校长

云南大学呈贡校区绿美建设　　（徐松　摄）

林，种植学校从东陆校区老雪松树上采种、培育而成的雪松。与此同时，学校备受社会公众喜爱的"云南大学玫瑰园"，也将种植规模扩大至 30 亩至 40 亩。学校还将在正门两侧连片种植 1000 棵樱花树，并引进日本的 5 个品种，为云大校园新增樱花景色。[1]

---

[1] 黄喆春：《云南大学呈贡校区打造绿色校园》，中国青年网 2017 年 7 月 20 日。

分类推进
加快校园绿色基础设施建设

　　校园基础建设"绿色化"。主要指校园硬件设施的建设导入"绿色"理念。例如学校建筑用料的环保选择——现在建筑家装市场已全面启动"绿色消费"，这是充分考虑到消费者的健康需求。在一个无污染、保健康的环境中学习是学校应首要提供给学生们的学习必要条件；还有建筑布局的绿色化也是学校基础建设的重要环节，每个学校都会有一定数量的楼梯、拐角、空地、长廊，将这些空间合理布局、发挥各自的使用目的，同时还要尽量考虑人性化的需求，如楼梯的采光、拐角的缓冲和防护、空地的平整和绿化、长廊的设计和利用等，对这些环节的思考本身就是一个"绿色化""人文化"的体现；再有就是校园管理科学化、合理化，通过校园自身的植被布局调控局部空气质量、噪声污染、垃圾和污水排放等，使校园内形成一个清洁、优美、生态良性循环的环境，这也属于校园基础建设部分。

立体推进
持续提升校园绿地率和绿化覆盖率

　　重视学校绿化面积。一般来讲，一所中等规模的学校其绿化面积基线应为35%。当然，这一数字要根据不同学校的实际情况而定。占地面积较大的学校在考虑教学场地建设的同时，也不能"吝啬"对绿化面积的预留。这除了使学校规划建设美观的需要外，还影响着校园周边地区的空气指标、噪音指标等物理因素。从长远来看，适量的绿化面积还能有效地投入到实际的教育活动中去，如植树活动、环保知识活动、简单劳动组织等，这些

绿美之核

花海校园 　　（马居里 摄）

同样也是学生全面素质培养的一部分。如果学校本身的占地面积有限，扩展绿化面积比较困难，建议可以在空间扩展上做文章，如将绿化带在墙面、校园围墙、阳台等位置进行规划，一样可以达到增加绿化覆盖面积的需求。但不论怎样，从实际出发，因地制宜地发展学校绿化面积，是绿化建设的根本。

　　合理配置绿化布局。在学校这样既有横向占地面积又有建筑空间面积的场所内，绿化的横向分布应同纵向的空间分布同时考虑，这样往往会达到意想不到的效果。例如屋顶园圃的建立，既可以使本来暗无生气的屋顶充满生机，还可以适量地解决屋顶夏季的酷晒高温问题，是一个很好的空中绿化选择；还有经济实惠的盆花摆设，把每个教室的窗台充分利用，将一些易于栽培成活率较高的花草放置于此，既能美化环境还能有效调节室内的空气质量，也是一个绿化空间扩展的好方法；再就是组合花架和吊兰，教学设施内部的绿化往往是个难题，面积小、采光差是植物生长的不利条件，但是适宜挪动、节省空间的组合花架和吊兰可以解决一部分的问题。学校可以根据季节的转换，将盆栽的不同植物有机组合，结合空中空间的利用，搭配出一个富于变化、方便实用的小景观，为不起眼的角落、长廊、"死角"增添色彩。但是这种绿化要考虑到景观的牢固性和安全性，以免发生危险，像爬山虎、紫藤等藤蔓类植物也是扩展绿化空间的有效手段。这类植物占地面积小，生长特点是向"空中"发展，可以很好地利用墙面、围栏等因素，在无形中增加很大的绿化面积，同时又可以营造出一个特殊的绿色校园，也是绿化校园的不错选择。

兼顾多样
建设个性化校园绿色景观

校园绿化是绿化美化与校园文化建设的有机结合。生态化、个性化的校园绿化环境能够满足师生需求，有助于丰富景观内涵、提升学校品牌。校园绿化树种优化及合理配植，是校园绿化工作的基础。乡土树种的应用凸显校园文化在地化建设成果，符合生态型、节约型校园建设需求。重视并运用乡土树种对于构建可持续发展的校园绿化体系具有重大意义。

校园景观规划中应注重生态平衡原则，合理选用树种，合理搭配乔、灌、草坪种植。对绿化所用植物的选择要讲究科学、合理、适宜。例如在选择绿色植被范围时，可以考虑污染性小，少毛无刺，没有刺激性气味，以观赏植物为主，同时兼顾保健植物、鸟嗜植物、香源植物、蜜源植物、固氮植物等，或具有形态美、色彩美、气味美，或具有一定的历史、文化内涵，

绿美之核

以及草坪的耐践踏程度等。不同学校在选择植被时也要充分考虑各种因素的影响，力求搭配的合理、科学。例如在树种选择上应考虑学生的生理和心理特性：活泼好奇、灵活多变，所以具有色彩变化和香味的树种是很好的考虑范围；而在教学区忌栽植飞扬花絮的树木（如杨树、柳树等）和一些容易引起过敏反应的植物；在校园通道两侧或大门两侧种植树形优美的秋色叶植物银杏或常绿小乔木石楠，会增加学校的优美感和舒适感；在离窗一定距离处栽植较低的常绿乔木桧柏，既可适当遮挡阳光又可保持通风；运动场与教学区之间应用树木组成繁密的树带，以免上课时受场地活动及声音的干扰；校园周围多采用乔木与藤本混合栽植，形成一层浓密的绿化带，使校园与外界隔离，创造一个安静的学习环境。

云南大学东陆园的校园景观 　　（谭晓霞　摄）

完善标识
提升校园生态教育功能

通过设置宣传展板、宣传廊和宣传横幅，设置相应的标识标牌、科普小标识等完善校园自然标识系统，大力推广普及生态文明知识，不断增强学生对各类植物、生态知识、现代林业和历史文化的认知和了解，满足科普教育功能，提升学生的生态意识。

昆明市第一中学西山学校坚持保护生物多样性、共建和谐生态校园的理念，把生态校园建设落实到日常的学习生活，把生态文明融入教育，办有温度、有生命、有品质的教育。学校在建设生态校园环境过程中，采用乔灌草相结合、地面绿化、室内绿化与屋顶绿化相结合的方法，多树种、多规格、多层次、多形式、多功能建设植被，并将自然景观与人文景观相结合。学校共栽培植物 108 种，制作完成校园植物木质牌挂牌、插牌和微信牌等 93 块（种）。目前，校园里冬有蜡梅晶莹，春有玉兰、樱花盛开，夏日桃李满枝、蓝花楹大道诗意盎然，秋天桂花飘香、银杏枫叶纷飞，引得多种鸟类在这里安家，一派人与自然和谐共生的美丽景象。同时，该校积极开发生态文明教育课程体系，开设了把生态文明教育有机融进多学科课程的校级选修课，把保护生物多样性的理念融入课堂，让学生走出教室，走进自然。开展生态文明教育讲座和生态文明教育宣传，邀请知名生态学专家为全校师生及昆明市西山区各校生物老师授课，增强大家对生物多样性保护的意识。此外，学校还积极申报低碳学校项目和国际环境小记者垃圾减量项目，开展低碳生活知识竞赛等活动，在有趣的活动中，让学生认识地球碳循环过程，养成了节约水电和纸张的好习惯，增强了环保意识，明白了垃圾分类回收、垃圾减量的意义。

拓展空间
积极开展"绿色教育"

　　学生是学校的一部分，在给学生提供很好的空间和环境的同时，也要让他们学会如何维护和参与。第一步是欣赏。只有建立起美的认知，才会萌生爱护之情。在这其中培养的是学生的审美能力。第二步则是劳动。任何人的享受都不是唾手可得的，是需要付出劳动才能得到的。让学生参与到适量适时的绿化劳动中，既可以增加对自然的识别能力，也可以建立劳动的美德，同样是全面素质教育必不可少的组成部分。第三步是学会保护。好的环境取决于好的维护。知道了劳动的艰辛，自然会对劳动成果爱护有加。从小的方面看是对一片绿化带、一盆小盆栽、一株小树木的爱护，推而广之则是对大环境保护意识和行动的培养，尤其要集中培育植绿护绿的意识。正所谓以小见大，在绿色的环境中培养"绿色习惯"本是顺理成章的事情，应成为学校综合教育的重要环节。

　　可持续发展教育已经成为联合国重要文献的一大主题词，成为国际教育界高度关注的热门话题。可持续发展教育理念及内容是我国生态文明建设的重要组成部分，鼓励各地出台区域性指导文件，逐步推进当地的生态文明与可持续发展教育课程建设；鼓励各个学校结合课程改革，促进教学方式变革，强化教学中生态文明价值观、知识和能力的渗透。

昆明市盘龙区盘龙小学将课程构建作为重要着力点，打造"幸福课程体系"，科普实践活动课程就是其重要课程内容之一。盘龙小学精心设计的"科普实践活动课程"分支下的"盘龙小学相约'COP15'系列研学实践课程"，其课程构建有完整的理论体系和实践体系，注重体验性学习，假期体验课程、研学课程、科普实践课程、科普剧创作与表演课程、科普宣传课程等课程让科普教育"动"起来，让学生

云南大学校园银杏美景 （马居里 摄）

通过体验式学习获得感受和成长。2021年5月19日至21日，盘龙小学三个校区六年级的722名学生走进云南省林业和草原科学院，开展研学实践活动课程，探索生物多样性奥秘。同学们认真参观各类云南特色植物、木材标本、昆虫标本，学习生物多样性的知识，收集落花、落叶，制作自然笔记。通过参与研学实践活动，感受生物多样性的魅力，掌握研究生物多样性的方法，增强保护生物多样性的责任感。

通过云南绿美校园建设，把树人和树木、把自然和人文环境相结合，创建园林式校园的绿化美化，为广大学生提供一个获取知识和健康身心的最好环境，为广大教职员工高效率地开展教育教学活动提供一个最好的场所，使学生增强环保意识，树立爱护校园、保护校园的责任意识，达到环境育人、绿色育人的目的。最终营造健康、安全、趣味的绿美环境，建设成师生亲近自然、身心享受的绿美校园，打造成生态、生活、教育一体化的现代化绿美校园。

昆明学院绿美校园建设　　（陈文博　摄）

第六节

构建生态和美的园区

经济技术开发区、高新技术开发区、产业园区、开发开放实验区、旅游度假区、综合保税区、边境经济合作区等区域因其特殊的功能和地位，大多人口聚集，经济发展较好，对于生态环境的影响也较大。因此，在园区进行造林绿化，尤其是对裸露地进行绿化美化，美化园区生活环境，加大园区生态空间，处理好园区人口、经济、环境的关系，建设最美园区，让绿色成为园区最鲜明的底色，众望所归。同时也有利于园区招商引资，促进园区发展。绿美园区建设要介入并遵循园区总体规划，根据园区类型和功能定位开展绿化美化，注重协调性，结合园区内企业特点，充分利用可能的空间，坚持乔、灌、草、花、藤相结合，完善园区绿化结构，营造布局合理、色彩丰富、季相鲜明的园区绿化景观，建成总量适宜、分布合理、生态和谐、环境优美的园区绿色生态环境。

石林台创园蓝莓基地 （王贤全 摄）

分类指导
加强原有自然生态保护

　　根据园区类型和功能定位开展绿化美化，保护利用原有植物资源，结合企业生产特点，加强对园区内原有植物资源的保护，新增绿化要注意与原有植被协调统一。各类园区由于功能各异，生态环境也不尽相同，但在规划建设的过程中已栽种了一定数量的林木，经过多年的生长和养护已经形成一定的规模，这些林木在园区内对园区环境起着非常重要的作用，对其加以保护是十分必要的。除了对其进行病虫害防治、防冻、防火、灌水排水、施肥、除草、修枝等措施外，还要进行普查登记，特别是一些名木要进行登记，必要时进行挂牌，做好防盗的工作。落实好林木管护责任，

大理挖色的玫瑰种植园　　（张云霞　摄）

制定相关管护办法。同时，园区内原有的除林木以外的花草、动物、水景观等也要一起保护，在改造和补绿覆绿过程中切忌一刀切，把珍贵的原有林木、花草移除，进行二次栽种，要从保护园区的整个生态系统和生态环境出发。

择宜树种
制定科学合理实施方案

根据园区类型和功能定位，选择适宜的树种，树种的选择关系到成活率、管护的难度、对环境的影响，整体效益等多方面。在绿化美化过程中，要针对不同园区的实际情况合理选择树种。以乡土植物为主，合理选择适应环境、生长稳定、观赏价值高、环境效益好且对生产及人员不会造成危害的植物进行绿化美化。开展园区道路绿化美化，确定道路骨干树种，建设兼具景观观赏和生态防护等功能的绿带和景观道。要综合考虑园区的功能、所处位置、气候环境、水资源、土壤条件等，通过调查、试验进行规划，制定科学的栽种方案。建成总量适宜、分布合理、生态和谐、环境优美的园区绿色生态环境，实现建成64个绿美园区的目标。

嵩明杨林工业园区在加大基础设施建设的同时，同步推进城乡园林绿化工作，为提升园区生态环境水平奠定了良好基础。杨林工业园区管委会结合实际，多措并举，强力推进，确保了园林绿化工作任务的较好落实。在道路绿化工程上，园区共实施政府投资道路绿化工程项目3个，主要是

绿美之核

七彩水稻种植园区 （张云霞 摄）

天水路二期绿化工程、天创路及华狮路绿化工程、南环路宏筑材料公司门口绿地绿化工程，总绿化面积为18147平方米，共栽种乔木85001株、栽地被1407平方米；对园区所有行道树树池地被苗木进行补种，共栽种地被苗木64075袋。杨林工业园区还注重协调园区企业积极开展园林绿化建设。按照"同规格、同树种、等距离、无障碍、连续种植"要求，园区督促绿化管护单位做好死树更换及缺塘补栽工作。截至目前，共更换死树及补栽缺塘乔木339株、灌木30800株。①

---

① 《云南：昆明杨林工业园区园林绿化9万余平方米》，昆明市商务局网2011年8月16日。

创新布局
构建新型绿美空间

绿美园区建设中，园区绿化要与园区开发建设同步规划、同步实施，实现土建工程与绿化工作同时进行、同步见效，使得园区整体环境和谐统一。园区绿化应做到全面规划、合理布局，自成系统的绿化布局，充分发挥绿地美化环境的作用。要尊重园区现有自然山水环境与地方人文环境，结合现状条件，合理布局，创造彰显企业文化及园区特色的景观环境。强调植物景观地域性和环境适应性，以乔木为主，乔、灌、草相结合构建多样的绿化空间。

开展园区补绿提质，消除园区裸露土地，创造条件在园区围墙、屋顶、墙面进行立体绿化；开展厂区绿化美化，在厂前区、生产区外围和仓储物流区等区域建设具有固土防尘、隔音降噪等功能的绿化带，构建有益身心健康、功能多样、特色鲜明的绿美空间。

以风景园林学、林学、生态学和系统工程原理为指导，把园区绿色生态环境作为一个整体进行系统布局规划。与城市绿化相衔接、与周边环境相协调。结合园区内企业特点，充分利用可能的空间，坚持乔、灌、草、花、果相结合，完善园区绿化体系，营造布局合理、色彩丰富、季相鲜明的园区绿化景观，为园区员工及周边居民提供舒适、方便、实用、优美的绿色空间。

无论何种类型的园区，无论采用何种方案进行绿美园区建设，都要充分考虑到整个园区内生态系统的平衡，整个园区的和谐与发展，及园区与周边生态环境系统的协调相融，实现环境效益、经济效益和社会效益的统一。

绿美之核

第七节

提质千姿百态的景区

随着全域旅游的快速发展，传统的观光旅游已经不再具备竞争力，向注重体验感、沉浸式旅游新业态的转型升级已是大势所趋，作为旅游资源的要素，对景区进行升级改造，加强绿化美化工作，体现出景区特色，具有重要意义。绿美景区建设要因地制宜、因景制宜、因游制宜，形成适应景区景观质量、游览需求和自然条件的绿美环境。同时必须保持景区内生

态系统的本土性，慎重引入外来物种，不得在自然保护区内进行开发性活动。鼓励有条件的景区创建花草体验场景，在绿化的基础上进一步突出雅化、彩化、香化，全面提升景区生态环境质量和观赏性，并与周边环境相协调，塑造满足更高游览需求的绿美环境，提升游览体验。

弥勒太平湖绿美景区建设 （刘镜净 摄）

统筹推进
科学规划景区绿化建设

　　按照巩固一批、提升一批、整治一批的方式，推进景区绿化美化建设。科学规划景区园林绿化美化建设可以提升景区品质、凸显景区特色，避免出现一刀切，各个景区结构类似、景观雷同的现象。景区绿化建设中要"结合实际情况，从自然生态环境、当地经济水平等出发，全面考虑旅游景区园林绿化发展方向，园林绿地分布要尽量保持均衡，要与点面相结合特征相符。在实际分布过程中，以面为主，以点线穿插为辅，使各种绿地构成一个完整的系统，从而真正体现出园林绿地应有的生态景观效应。"[1] 总的来说，在保持好现有旅游资源基础上，科学确定绿美范围，根据景区自然环境进行科学合理的绿化配置，形成适合当地自然条件、品种丰富、具有观赏性的景观绿化效果，充分挖掘绿化潜力，做到能种尽种、能绿尽绿。在保持好现有旅游资源的基础上，充分挖掘绿化美化潜力，合理提升 A 级旅游景区绿地率和绿化覆盖率，促进生态环境保护和旅游资源价值提升。

　　突出窗口区域、协调周边环境。在景区绿美建设统筹谋划中，应突出停车场、游客服务中心及场站等重点区域和对景区生态系统完整性带来影响的站点节点，以生态修复和景观完整性为原则要求，千方百计恢复生态系统的完整性，并保证站点、停车场与游客服务中心与景区景观紧密相融合。还要突出补充提质完善景区周边面山的绿化工作，对景区面山部分的绿化要注意与周围环境相协调，必要的时候要对景区外围区域进行绿化，尤其

① 邹玉芹，房用：《南山旅游景区园林绿化管理的策略探讨》，《绿色科技》2018 年第 7 期。

对于周边面山部分可能带来生态影响的景区，做好绿化美化工作，防止泥石流、滑坡等灾害对景区造成的影响，也要注意讲究整体性、突出景区特色，以重要节点的特色绿美建设，提升景区景观的整体性和特色性以及与周围环境的协调性。

香格里拉普达措国家公园体制试点区，位于云南省迪庆藏族自治州"三江并流"世界自然遗产中心地带，试点区分为严格保护区、生态保育区、游憩展示区和传统利用区，各区分界线尽可能采用山脊、河流、沟谷等自然界线，主要保护对象为典型的封闭型森林—湖泊—沼泽—草甸复合生态系统。普达措拥有完整的森林、湖泊、沼泽、草甸特殊复合生态系统，是世界级的物种基因库，特有珍稀濒危物种高度聚集，从2006年开始国家公园建设先行先试以来，普达措先后进行了三次总体规划与修订，进行了科学精准的功能分区，2013年，《云南省迪庆藏族自治州香格里拉普达措国家公园保护管理条例》开始施行。如今，53.4%的面积划为严格保护区，即便是科研活动也要经过严格审批才能进入其中。普达措的实践在中国大陆率先开展了国家公园保护地模式的探索，实现了以公园养公园的目的，产生了良好的生态、社会和经济效益。在我们中国建立以国家公园为主体的自然保护地体系的过程中贡献了云南经验和云南智慧。[1]

① 陈泽惠等：《普达措的生态美又升级了》，人民资讯 2021 年 10 月 15 日。

绿美之核

因景制宜
合理配置园林植物

在景区，特别是 A 级旅游景区进行园林绿化建设过程中，要以种植适合景区的乡土植物为主，多选用维护量小、耐候性强、病虫害少，对人体无害，本地特色鲜明的植物，兼顾观花、观果、观叶等观赏性强的地被植物，突出景区整体生物多样性。高等级或具备条件的景区，可依法依规种植体现云南生物多样性的珍稀物种，提升景区景观质量和资源吸引力。为提升旅游景区园林绿化管理工作效果，应保证园林植物配置的科学性与合理性，确保景观与环境、人的和谐。在绿色植物配置过程中，应将人文关怀放在

无量山樱花谷　　（刘镜净　摄）

景迈山绿美景区建设　　（曹津永　摄）

首位，科学设置植物目标，运用乔、灌、花、草等植物构成多样性的植物群落模式，实现旅游景区绿色生态效率的提升。提倡"自然衍生高于人工干预"，精选植物品种，优化色彩层次搭配，丰富观赏性，提升景区品质。要重视当地植物材料的选择与培育工作，按照优化选择理念，加大本地树种的发展与推广力度。旅游景区还要重视绿化设计，结合自身实际情况作出参考，尽量将当地独有的文化内涵凸显出来。要从旅游景区的特有建筑出发，将蕴含的风土人情展示出来，实现景区品位的提升。详细调查和研究景区植物群落，分析树木、花草、微生物、野生动植物与生态环境的关系、生存、生长发育规律及适应性，保证决策制定的有效性与科学性，选择最适宜的树种。①

① 邹玉芹，房用：《南山旅游景区园林绿化管理的策略探讨》，《绿色科技》2018年第7期。

绿美之核

系统科学
保障景区生态安全

　　旅游设施和旅游活动设置要以保持自然生态系统的原生性和完整性为原则，不在自然保护区的核心区、缓冲区进行旅游开发。景区内的各类建设项目应减少对自然植被的侵占和破坏，旅游设施和旅游活动开展应选址和布局在不适宜绿化的难利用地段上和珍稀植物分布区以外。保护景区内物种生存环境，并通过人工种植等方式扩大适宜物种生存空间；对景区内珍稀野生动物的繁殖地、栖息地设立保护隔离区和缓冲区。

　　采取合理的园林绿化方法，对树木、花草等进行科学布局，构成完整的植物群体，实现整个景区生态系统的良性循环。同时，也要保证景区生态系统与外围大生态系统之间的衔接与联通，达成系统平衡，也要使景区与周边环境相协调，提升景区生态环境品质。应保持景区内生态系统的本土性，禁止引进可能威胁当地物种生存的动植物。在树种的种植布局时，也需要保持合理的配置。整个园林景区植物之间相互促进，才能更好地生长，为园林的绿化作用提供价值。如果园林工作者在园林绿化养护中缺乏专业的生物学知识，没有重视植物的习性，就会产生植物相克的现象，比如刺槐会抑制果树的生长，红叶小檗如果和竹子一起种植，就会产生严重的锈病现象。[①]景区植被的维护中，应采用无公害的病虫害防治技术，规范杀虫剂、除草剂、化肥等化学药品的使用，有效避免对景区土壤和地下水环境的破坏。

　　景区的提质增效离不开景区的合理规划、科学的园林设计，在景区的绿化管理工作中要将生态环境的改善放在重要位置，既要考虑考虑景区的

---

① 叶继盟：《浅谈景区园林绿化美化》，《现代园艺》2018 年第 7 期。

经济效益，又要考虑环境效益，始终坚持"以人为本"理念，通过科学合理的绿化美化措施，维护景区生态系统的多样性和稳定性，大规模提升景区品质，努力建设各具特色、舒适、美好、和谐的景区。

习近平总书记参加首都义务植树活动时强调："发扬前人栽树、后人乘凉精神，多种树、种好树、管好树，让大地山川绿起来，让人民群众生活环境美起来。"通过一代代人的努力，城市建成区绿化覆盖率、人均公园绿地面积、森林覆盖率等指标将不断提高，城乡人居环境将不断改善，天蓝、地绿、水清的美丽家园必将建成。

绿美云南建设是云南生态文明排头兵建设的重要组成部分，绿美之核即建设的七大重点也应当放在生态文明建设的全局中加以统筹考量。综观来看，必须坚持以人民为中心，共建共享；坚持生态系统观，科学布局保障生态安全；坚持因地制宜，取材乡土保护原生生态基础；坚持统筹推进，盘活空间应绿尽绿；坚持系统谋划，绿美建设与周边环境、景观有机融合。以城市和乡村为重要突破点，逐步拓展，以绿美建设强化人类生态系统的稳定性，推进整体的生态文明排头兵建设迈上新台阶。

村景一体　（曹津永　摄）

高原秋景 （林森　摄）

之功 绚美

　　习近平生态文明思想生动阐述了保护环境与发展经济的辩证关系，"两山"转换，素质颜值花开并蒂。依托云南丰富的植物资源多样性和科研优势，践行生态优先，矢志绿色发展，加大政策支持力度，建设苗木种质资源库，加大珍贵树种和乡土树种草种采种生产、种苗繁育基地和苗圃基地建设力度，搭建和完善苗木网上交易平台，培育、引进一批市场主体，打造云南特色苗木品牌，大力发展规划设计、建设管养、综合服务、生态旅游、森林康养、科普研学、文创科创及系统性方案服务等关联产业，科学发展特色经济林果、林下经济等绿色富民产业，推动"绿美+"经济全产业链培育发展，形成科技创新和产业发展相互促进，生态环境和经济发展双赢的良性循环。实践证明，生态本身就是经济，保护生态就是发展生产力，只要坚持生态优先、绿色发展，锲而不舍，久久为功，就一定能把绿水青山变成金山银山。

高原森林 （林森 摄）

第一节
发展绿美产业
兴农富民新支撑

　　坚持绿色发展，根据各地资源环境特点，挖掘各地独特资源环境优势，把良好的生态和资源优势转化为产业发展优势，全面推动一二三产业生态化发展和绿色转型，加快推进传统行业绿色低碳发展，建立健全绿色低碳循环发展的生态经济体系。积极发展循环农业、低碳农业，推进农业生态保护与治理，实现绿色强农、绿色惠民。相关产业不断壮大，城乡绿化美化与生态经济、富民产业融合发展，以绿化美化为基础的"绿美＋"经济全产业链加快补齐，产业发展基础更加坚实，绿美产业逐步成为云南经济的新亮点、兴农富民的新支撑。

特色苗木产业

打好绿色牌，走好生态路，促进苗木生产专业化、规模化、集约化。发挥云南生物多样性和科研优势，加大政策支持力度，建设苗木种质资源库，加大珍贵树种和乡土树种草种采种生产、种苗繁育基地和苗圃基地建设力度，搭建和完善苗木网上交易平台，培育、引进一批市场主体，打造云南特色苗木品牌，发展壮大云南特色苗木产业。利用高速公路立交区、露天废弃矿山等空地，建设省级保障性苗圃，推动城乡绿化美化种苗供求平衡。种苗是林业草原事业发展的重要基础，是提高林地草地经济、生态和社会效益的根本，是推动大规模国土绿化行动的有力保障，发展壮大云南特色苗木产业是绿美产业建构的首要环节和重要支撑，对绿美云南建设起着至关重要的决定作用。

大力倡导和推进观赏苗木乡土化

整合本地苗木的优势资源，完善规模化苗圃长效发展机制，加快推进附属设施等相关政策落地，搭建种苗行业交流平台，创造云南本土苗木产业健康有序的发展环境，为后续优化现有森林结构提供苗木储备。注重培育种子繁殖的实生苗，鼓励本土苗圃科技创新，扶持实生苗生产龙头企业，培育本土实生种苗品牌，以助于培育云南本土树种森林景观，增加森林树木的遗传多样性。突出我省名、特、稀乡土树种培育，采用高科技育种手段，探索种苗快繁核心技术和产品营销方式，推进苗木商品化、产业化生产，开拓国内国际特色观赏苗木市场。制定云南特色乡土树种名录，出台绿化造林工程使用特色乡土树种苗木的规定，将云南建成全国特色观赏绿化苗木生产示范区。

发展具有特色的观赏苗木产业

采取产业园区发展模式，高起点、高质量、高标准建设一批观赏苗木现代化生产园区。改变"大而全""小而全"的生产经营方式，逐渐转向专类苗圃、特色苗圃、中高端苗圃建设，推进苗旅融合和林苗一体化发展。以转型升级为主线，大力推进现有基地提升、龙头企业培育、科技成果推广、特色品牌打造、产品质量保障、市场拓展维护6大任务，促进观赏苗木产业快速健康发展。加大园林植物引种、育种、科研力度。以乡土树种、优势树种为主，有计划引进、驯化外来树种，以丰富苗木品种，提高城市绿化水平，形成优势产业。

完善苗木产业发展布局

将昆明市、红河州、大理州、曲靖市、西双版纳州列为优先发展重点州（市），在全省形成5大苗木生产区：滇中特色观赏苗木繁育生产示范及展示交易区。以昆明市为重点，包括玉溪市、楚雄州，主要培育树种为云南樱花、三角梅、紫薇、玉兰、石楠、香樟、蓝花楹等，逐步建成现代观赏苗木交易市场、物流配送中心、信息中心。滇东南岩溶地区木兰科及特色观赏苗木培育区。以红河州为重点，包括文山州，重点开发木兰科、樟科、木榉科、金缕梅科、棕榈科等观赏苗木，主要培育清香木、尖叶木榉榄、枫香、红花荷、红河苏铁、拟单性木兰、广玉兰、滇朴等树种，逐步建成沿昆河公路集旅游、观光、购物、休闲为一体的"百里千户万亩苗木走廊"，以及名、特、新、稀品种示范园、种苗繁殖销售中心。滇西特色观赏苗木繁育和技术研发中心区。以大理州为重点，包括保山市，重点开发高山杜鹃、茶花等系列产品，主要培育树种为云南山茶花、杜鹃、黄连木、黄连翘、桂花等，开发地方特色观赏苗木，建立资源圃；采用高科技育种手段，探索种苗快繁核心技术和产品运销方式，尽快实现特色观赏苗木商品化、产业化生产，拓展国内国际特色苗木市场。滇东北耐寒观赏苗木引种驯化及彩叶苗木繁育生产区。以曲靖市为主，包括昭通市，主要培育树种为滇朴、四照花、枫香、五角枫、紫薇、桂花、香樟等，建立温带及北亚热带气候类型特色观赏苗木培植基地和"南树北移"引种驯化基地，以满足长江以北地区观赏苗木的需求。滇南热带南亚热带观赏苗木繁育生产区。以西双版纳州为主，包括普洱市，以热带或南亚热带观花、观果、观叶植物为开发重点，依托本区域"天然温室"效应，大力发展特色观赏苗木，主要培育树种为凤凰木、团花木、木奶果、榕树、紫檀、重阳木等。拓展热带或南亚热带观赏苗木生产区域和营销市场，增加国内外市场份额，提高苗木生产效益。

谨慎培育外来品种苗木

在引进外来物种进行大面积推广前，国家规定必须经过评估论证、引种评审、隔离试种、驯化试验、鉴定认定和严格检疫等一系列过程。前几年，一些苗圃引进了不少外来树种，大部分未经正规渠道，有些树种不适应我国生态环境；有些还带有传染性病虫害；有些树种虽然表现较好，但适应生长的范围较窄；有些树种观赏价值确实较高，但栽培水平要求高，栽培成功的工程大苗较少，因此价格也较高，工程上应用也少。规模较小苗圃应慎重发展新品种，经济实力较强的苗圃可选择优良的外来树种从事专业生产。

政府与社会形成合力

持有良好发展前景和高观赏价值的树种研发，树立具有各地区特征的优良树种品牌，把各地区的资源优势变为经济优势。政府要制定各项政策协调区域间的发展，整合可利用资源，重点扶持资源优势显著而发展滞后的地区。加强社会化服务，充分发挥苗木协会的作用，构建苗木信息的服务平台，增加苗木生产营销的主体，快速培训具有开拓市场能力的经纪人及龙头企业。通过加强管理与培训，形成多元化苗木流通主体，提高苗木产业开拓市场的能力。建立苗木咨询服务中心，给苗木企业提供投资融资、抵押贷款等方面的咨询服务。绿化苗木除了美化环境还有净化空气、净化土壤、净化水体等作用，需要各种绿化苗木、各式各样的绿植来维持环境的生态平衡。

绿美之核

乡村林果产业 （张云霞 摄）

高原特色经济林产业

　　高高的云岭，纵横的三江，富饶的坝子，丰茂的山林，是云南26个民族世代生活的家园。云南农村人口有3610万左右，绝大多数生活在山区半山区，靠山吃山养山，"希望在山、致富在山"，有"脱贫致富、奔小康"的强烈愿望，发展特色经济林是脱贫致富最有效的途径之一。特色经济林产业，是集生态、经济、社会效益于一身，融一、二、三产业为一体的生态富民产业，是生态林业与民生林业的最佳结合，加快推动经济林产业持续健康发展，建设生态文明和美丽云南，成为当前乃至今后一段时期经济林建设与发展的紧要任务。

做优、做精
特色经济林产业

充分发挥比较优势，遵循扶优扶强非均衡发展战略，实施"小品种大产业"培育工程,结合全国和云南特色农产品优势区建设,在产业重点县(市、区)新建和改造一批栽培技术先进、配套设施完善、区域特色鲜明的名、优、特、新经济林种植和加工基地，推动品种改良和树种、品种结构调整，重点培育特色产品和优势产区，合理配置生产要素和市场资源，实现特色经济林产品供给持续增加，质量安全有效保障，综合效益显著提升。

优化特色经济林产业发展布局

滇东北特色经济林产业集群，以鲁甸、昭阳、彝良、会泽、宣威为重点，重点发展花椒、竹笋、核桃、林下中药材、生态旅游。滇西北特色经济林产业集群，包括丽江市、迪庆州，重点发展花椒、核桃、油橄榄、野生菌、林下中药材、生态旅游产业。滇中（昆明、玉溪）木竹加工产业集群，包括昆明市、玉溪市，重点发展家具、地板、木门、林化工等精深加工，以

永仁县杧果基地　（冯勇　摄）

及观赏苗木、野生菌、板栗等特色产业。楚雄核桃野生菌产业集群，以楚雄、南华、大姚、双柏为主，重点打造核桃、花椒、野生菌产业。滇西核桃产业集群，以永平、漾濞、凤庆、昌宁为核心，打造滇西核桃产业增长极，带动全省核桃产业快速发展。滇西沿边木竹加工产业集群，以腾冲、盈江、瑞丽为重点，发展木竹精深加工，以及澳洲坚果、油茶等产业。滇西南澳洲坚果产业集群，以永德、镇康为中心，着力打造澳洲坚果产业，形成引领全国的澳洲坚果产业高地。普洱木竹加工林化产业集群，以景谷、宁洱、思茅、澜沧为重点，发展林纸、林化、林板、林下中药材等产业，形成独具特色的绿色经济高地。西双版纳木竹加工产业集群，包括景洪、勐腊、勐海3县市，重点打造木竹精深加工、林下中药材、生态旅游与森林康养产业。滇东南特色经济林产业集群，包括文山州、红河州，重点发展油茶、八角、热区水果等特色经济林产业，积极发展观赏苗木、林下中药材等产业。

实施标准化生产拓宽发展领域

加快制定特色经济林国家、行业和地方技术标准，完善经济林建设标准体系，加大标准化生产技术实施和推广力度。改进传统种植模式，大力推进矮化密植、网架棚架式等现代种植模式；改变传统耕作方式，推广有利于原生植被保护和水土保持的整地措施，全面推行增施有机肥、测土平衡施肥等方法；强化病虫无公害防控，推行生物、物理防治措施，推广安全间隔期用药技术；落实绿色、有机栽培管理措施，拓宽产业发展领域。充分发挥经济林培育森林、保护生态、营造景观、传承文化等多种功能和独特优势，创新推广以经济林栽培为主的多元发展模式。大力发展与经济林紧密结合的观光采摘、农事体验、休闲游憩等，进一步拓宽经济林产业发展领域，不断提高发展经济林的综合效益。

绿美之核

楚雄市紫溪山经济林木樱桃 （冯勇 摄）

充分发挥财政资金杠杆作用

建立和完善造林、抚育、保护、管理投入补贴制度，加大对核桃等木本油料、珍贵树种、大径材培育和种苗基地建设、核桃抚育和无烟烘烤、林下资源开发、野生动物驯养繁殖补贴力度。进一步完善林业贷款财政贴息政策，扩大对林业企业、林农的政策覆盖面。进一步拓宽投融资渠道，积极协调金融机构根据林业的经济特征、林权证期限、资金用途及风险状况，合理确定林业贷款期限，加大"林果权抵押贷款""生态信贷""金果贷"、农户联保贷款等金融创新产品推广力度。积极支持各类担保机构开展林业贷款担保服务，有序发展林业小贷公司，着力破解中小微型林业企业贷款难、融资贵问题。放宽准入门槛，落实优惠政策，吸引更多社会资本投入高原特色林产业发展，逐步形成政府引导、企业主导、市场运作、金融支持、民资参与的多渠道、多元化投融资机制。

发挥重要生态系统服务功能价值

高原特色经济林在美丽云南建设中发挥保护环境、改善生态的重要作用，主要包括涵养水源、保育土壤、固碳释氧、林木营养积累、净化大气环境、保护生物多样性、科研文化等方面。森林也是"水库""碳库"，对国家生态安全具有基础性、战略性作用。

涵养水源功能，通过森林生态系统特有的水文生态效应，使森林具有蓄水、调节径流、缓洪补枯和净化水质等功能。保育土壤功能，凭借庞大的树冠、深厚的枯枝落叶层及丰富且成网络的根系截留大气降水，减少或免遭雨滴对土壤表层的直接冲击，有效固持土体，降低了地表径流对土壤

的冲蚀，使土壤流失量大大降低，减少土壤侵蚀、保持土壤肥力、防风固沙、护堤、防灾减灾（如泥石流、山体滑坡）等。固碳释氧功能，固定并减少森林大气中的二氧化碳和提高并增加大气中的氧气，维持大气中的二氧化碳和氧气动态平衡、减少温室效应以及对人类提供生存基础均具有巨大和不可替代的作用。林木营养物质积累功能，森林在生长过程中不断从周围环境中吸收营养物质，固定在植物体中，成为全球生物化学循环不可或缺的环节之一。净化大气环境功能，森林生态系统通过吸收、过滤、阻隔、分解等过程将大气中的有害物质（如二氧化硫、氟化物、氮氧化物、粉尘等）降解和净化，提供负离子、萜烯类物质等，在一定程度上有效地减轻工业、交通、施工及社会生活噪声等无形的环境污染。保护生物多样性功能，高原特色经济林在生物多样性保护方面有着不可替代的作用，与其他繁杂多样的生物组合共同构成了人类所依赖的生命支持系统。森林科研文化功能，通过精神感受、知识获取、主观印象和美学体验从森林生态系统中获得非物质利益，以森林生态系统为基础形成的文化多样性价值、教育价值、科研价值、绿美价值等。①

---

① 张治军等：《云南省森林生态系统服务功能及其价值评估》，《林业建设》2011年第2期。

绿美产业景迈山参天古茶树 （刘兵 摄）

林下经济产业

　　走进郁郁葱葱的森林，人们不仅可以呼吸清新的空气，聆听悦耳的鸟鸣，还可以采摘野菜、坚果等天然食物。习近平总书记说："这个生态总价值，就是绿色GDP的概念，说明生态本身就是价值。这里面不仅有林木本身的价值，还有绿肺效应，更能带来旅游、林下经济等。"

　　依托云南丰富的森林、林地、生物多样性、景观等资源，大力发展林

下经济，是贯彻"绿水青山就是金山银山"发展理念的生动体现，是坚持生态优先、绿色发展、促进农民增收的重要途径，是推动资源优势转换、促进农村产业结构调整的重要战略选项。林下经济产业已成为山区经济发展的优势产业、种植业结构调整的特色产业、乡村振兴的支柱产业和大众创业的新兴产业，在很多山区超过 50% 的收入来自林下经济。

昆明市禄劝彝族苗族自治县的林下天麻种植　　（彭季刚　摄）

科学有序发展林下经济产业

重点发展以林下中药材、林菌、林菜为主的林下仿野生种植，以林禽、林畜及林蜂为主的林下生态养殖，以野生菌为主的林下产品采集加工。建设一批规模适度、特色鲜明、效益显著、环境友好、带动力强的林下经济示范基地。培育一批林下经济龙头企业，支持科技含量高的企业申报高新技术企业，鼓励经营主体成立林下经济产业联盟。提升林下经济产品质量管理和品牌建设能力，完善技术和产品标准，提高林下经济标准化生产和管理水平。强化林下经济种植效益监测与评价。完善示范基地、经营主体、产品质量安全、流通体系、社会化服务体系和基础设施建设，全面提高优质生态产品供给能力，促进形成各具特色的、可持续的绿色林下经济产业体系。基本建成具有云南优势、特色鲜明、利益链稳固、协调发展的林下经济产业体系、生产经营体系和技术服务支撑体系。产业的绿色化、有机化、规模化、品牌化及市场竞争能力大幅提升。产业科技水平明显提高，基础设施和基本生产条件大幅改善，社会化服务、科技创新、综合电商、质量追溯等平台基本完善，实现由传统数量增长型向质量效益型转变。

完善林下经济产业发展布局

林下中药材种植，以昆明市、昭通市、曲靖市、楚雄州、玉溪市、红河州、文山州、普洱市、大理市、保山市、德宏州、丽江市、怒江州、临沧市等州（市）为重点区域，规划布局重点县（市、区）。在林下空间规范开展中药材生态种植、仿野生种植，重点发展三七、天麻、滇黄精、云

普洱市西盟县经济林　　（谢阳　摄）

茯苓、石斛、丹参、滇重楼等中药材品种。林菌种植，以保山市、丽江市、昆明市、楚雄州、普洱市、玉溪市、迪庆州等州（市）为重点区域，规划布局重点县（市），重点发展牛肝菌、羊肚菌、香菇、木耳、块菌（松露）、大球盖菇等环境友好型的菌根性及名贵珍稀野生食用菌的林下仿野生种植，以及金耳、白灵芝、长根菇（黑皮鸡枞）、白参等特有、特色、特殊的食（药）用菌仿野生种植。林菜种植，以玉溪市、保山市、普洱市、大理州、楚雄州、西双版纳州、丽江市、怒江州、红河州、昭通市等州（市）为重点区域，规划布局重点县（市、区），重点开展魔芋、棕苞花、香椿、椿头、刺桐菜、荠菜、山药等森林蔬菜林下种植。林禽养殖，以昭通市、文山州、大理州、怒江州、曲靖市、昆明市、普洱市、保山市、楚雄州、西双版纳州、

迪庆州等州（市）为重点区域，规划布局重点县（市、区），主要发展鸡、鹅、鸭等禽类林下养殖。林畜养殖，以大理州、普洱市、保山市、楚雄州、昆明市等州（市）为重点区域，规划布局重点县（市、区），主要发展牛、羊、马、猪、兔等林下养殖。林蜂养殖，以楚雄州、西双版纳州、保山市、文山州、玉溪市、红河州、怒江州、昭通市、曲靖市等州（市）为重点区域，规划布局重点县（市、区），主要发展中华蜜蜂、意大利蜜蜂、胡蜂等林下养殖。野生食用菌采集加工，以楚雄州、曲靖市、大理州、保山市、普洱市、红河州、文山州、丽江市、玉溪市、昆明市、迪庆州和怒江州等州（市）为重点区域，规划布局重点县（市、区），主要采集品种有块菌（松露）、松茸、牛肝菌、虎掌菌、大红菌、乳菇菌（奶浆菌）、羊肚菌、鸡油菌、鸡枞菌等。在主要产地，提升野生菌冷藏、冷链运输、深加工能力。松子采集加工，以昭通市、昆明市、保山市、大理州等州（市）为重点区域，规划布局重点县（区），主要采集加工华山松松子。

加强科技推广体系和市场体系建设

依托省内外科研单位和企业，搭建企业、林农与高校、科研院所、技术推广单位之间的合作平台，推进科技协作，形成"产、学、研"一体化的林下经济发展机制，开展林下经济新产品开发的专项研究，进一步提高科技成果的先进性、实用性和适应性，提高科技贡献率。严格实行标准化生产，确保林下经济产品质量，加大林下产品经营加工业，拉长林下经济产业链，发挥集群作用，提高经济效益。

林下经济发展关键在于产品是否具有广阔的市场，有了市场才能增强农民参与生产竞争的信心，林下经济产品的质量和价格才能得到保证，农民的收入才能增加。要因地制宜，针对不同产品的生产、仓储和流通特性，建立按产业分类的林下经济产品流通体系，推进林下经济产品农超对接，促进产销对接，进一步优化林下经济产品的流通渠道，促进林业增效、农民增收。

拓宽林下经济产业扶持渠道

按照性质不变、渠道多样、捆绑使用的原则，把发展林下经济专项资金与林业产业、农业综合开发、畜牧养殖、工业发展、扶贫开发、科技推广、高原特色农业、生态建设等项目资金有机结合起来，支持林下经济发展。在政府投入的引导下，打开社会化投入渠道，充分调动农民、企业和社会各方面的积极性，通过招商引资、完善政策等措施，广泛吸收社会各界资金投入林下经济发展，逐步建立和完善政府引导，农民、企业和社会为主体的多元化投入机制，为林下经济发展注入活力。加大金融支持，银行业金融机构对具备林下经济发展潜力的农民、林业大户、林农专业合作社及林业龙头企业，在风险可控的前提下给予信贷支持，结合本机构实际，创新开发适合林下经济发展特点的信贷产品和服务方式，拓展业务范围，调整信贷结构，扩大信贷规模，优化审贷程序，为林业企业和林农提供专项金融服务。

绿美之核

通过建立和完善"林下经济+"发展机制，立足"一部手机办事通"，云南将持续探索，为市场经营主体做好土地、金融、税费等服务，加大对林下经济的扶持力度。立足"一部手机云企贷"，积极开展免息、贴息、林权抵押等贷款，探索林下经济保险制度。加快将林下种植养殖和加工的机械纳入农机补贴范围，落实和完善农机补贴制度。探索使用"一部手机办税费"，落实森林产品生产、加工、存储环节的税收、电费、过路费等减免政策。坚持以市场为导向，着力培育林下经济龙头企业，发挥龙头企业的引领和示范带动作用，鼓励龙头企业与合作社、农户结成利益共同体。建设林下经济综合市场，实现林下产品初加工、包装、储藏、物流、结算等一体化，促进市场建设与旅游观光的深度融合。

迷雾森林 （李志纲 摄）

绿美之核

那柯里绿美家园建设 （曹津永 摄）

庭院经济

　　庭院是指农户房前屋后的院落，以及周围的闲散土地和水域。庭院产业指的是农户利用庭院区域开展种养业、园艺、手工业等产业。庭院经济以其形式多样、适应性强的特点在传统农业经济发展中发挥着重要的作用。我省大部分人口分布在农村或小城镇，家家户户都有大小不等的庭院可以利用，发展庭院产业有很大潜力。

　　农民以自己的住宅院落及其周围为基地，以家庭为生产和经营单位，利用庭院空地进行花卉和苗木的生态苗圃种植，发展特色花卉、珍稀蔬菜、园艺盆景等，在美化了环境的同时又产生了效益。庭院产业把经济建设和环境建设有机地结合起来，实现经济效益、生态效益和社会效益的高度统一。

绿美之核

庭院生态循环

　　农户以庭院物质能源的循环利用，降低生产成本，提高资源利用率。这种模式通常以沼气为核心，围绕种植、畜牧、水产业等进行循环生产。可以凭借院落占用的土地资源，利用闲散劳力和不宜到大田劳动的劳力，通过系统组合，使生产中的各种废弃物得到充分利用，以较少投入获得较高收益。一个普通庭院通过 3—5 年的时间就可以改变成为高效的院落生态系统，尽快富民。

增加农户经济收入

　　庭院产业通过适当改造，能尽快生产出各种名、优、特产品，经济效益高。生产经营项目繁多，模式多种多样；投资少，见效快，商品率高，经营灵活，适应市场变化；集约化程度高。庭院产业的优点在于能合理开发农业土特产资源，继承和发展传统技艺，是农村商品生产的重要方式，是消化农村剩余劳动力的有效途径，是提高农民生产技术和积累经营经验的园地，也是农民致富的门路。庭院经济是农业经济的组成部分，为新技术在农村推广提供了一个有效的试验点。

庭院木瓜种植　　（张云霞　摄）

第二节
健全绿美产业链
共享关联新功能

　　政府、市场、社会分工协作，良性运行的态势基本形成，覆盖规划设计、选种培育管护等全流程的各类市场主体蓬勃发展，科研平台、交易平台、创业平台加快发展，产学研联动发展，多样化、可持续生产经营模式普遍建立。大力发展绿美规划设计、建设管养、综合服务、科普研学、文创科创及系统性方案服务。

开展绿美设计

　　按照《云南省城乡绿化美化建设导则》要求，邀请具有相应资质和良好业绩的机构进行绿化美化方案设计，绿化美化项目主管部门须会同相关职能部门进行审核把关。我省各地区城乡规划委员会将城乡绿化美化纳入建设项目重点审查内容。按照《云南省城乡绿化美化植树指南》要求选择树种、进行种植管护，优先保护利用原生植被，尽可能建设能够自维持或低维护的植物景观。新建项目所使用植物要遵循适地适种原则，乡土植物种类占比不低于50%、数量占比不少于80%。增绿提质和景观提升的项目，要充分尊重民意，突出当地特色；社会普遍关心且政府主导的重大城乡绿化美化项目，须经过严格科学论证，广泛听取各方面意见建议。以绿色发展理念为指导，以改善生态环境与整体形象为出发点，以绿化美化为主要手段，将城乡建成一个集绿色、美丽、生态、景观、文化、休息、娱乐为一体的生产生活空间，打造出绿树成荫、鸟语花香、环境优雅的园林式城乡，促进人与自然和谐发展。

昆明市翠湖园林设计 （冯勇 摄）

做好绿化养护

　　加大城市建设绿化养护，对绿化带包括市政道路绿化与小区绿化所涉及的树木花草采取修剪、浇水、施肥、植保、除杂草、打药、补苗等支撑和管理措施。积极推动城市行道树、分车带、花带、花坛（台）、中心绿岛和沿街绿地的绿化养护。保持树木生长旺盛、健壮，根据植物生长习性，合理修剪整形，保持树形整齐美观，骨架均匀，树干基本挺直。做到树穴、花池、绿化带以及沿街绿地平面低于沿围平面距离5—10厘米，无杂草、无污物杂物，无积水，清洁卫生。行道树缺株在1%以下，无死树、枯枝。树木基本无病虫危害症状，病虫危害程度控制在5%以下，无药害。种植5年内新补植行道树同原有的树种，规格保持一致，有保护措施。新植、补植行道树成活率达98%以上，保存率达95%以上。绿篱生长旺盛，修剪整齐、合理，无死株、断档，无病虫害症状。草坪生长旺盛，保持青绿、平整、无杂草，高度控制在10厘米左右，无裸露地面，无成片枯黄，枯黄率控制在1%以内。花坛、花带、花台植物生长健壮，花大艳丽，整齐有序，定植花木花期一致，开花整齐、均匀，换花花坛（台）及时换花，整体观赏效果好。

强化科技支撑

　　发挥省内外高校、科研院所和企业科研优势，加大科研投入力度，加快科研技术攻关，强化科技对城乡绿化美化的支撑作用。搭建与绿美云南相关的科研创新平台。开展园林植物种质资源调查、筛选与收集，摸清全省园林植物、特色经济林草种质资源家底。实行重点攻关项目"揭榜挂帅"，开展种苗繁育、新品种培育、重大有害生物防控、城市绿地系统构建、湿地生态修复、城市森林碳汇等项目研究。鼓励产、学、研建立紧密合作机制，加大知识产权保护力度，提高技术转移转化效率，让先进科技服务城乡绿化美化全链条高质量发展。

科学种植藏红花 　（和寿祥　摄）

创新管护模式

落实国家储备林建设、生态修复、湿地保护等政策，鼓励省级投资平台参与，充分利用政策性金融机构中长期贷款，以重点项目撬动金融资金加大投入。借鉴国内绿色发展领域相关基金模式，结合云南实际，探索设立绿美发展基金。创新生态产品价值实现机制，积极参与碳汇交易。探索和规范运用政府和社会资本合作（PPP）、购买经营转让（POT）等模式，积极吸引省内外研发团队和苗木企业等社会力量参与云南城乡绿化美化建设。积极开展绿色金融产品创新，开发符合城乡绿化美化的金融产品。鼓励创建市场化、可持续的建营管护模式。

创新绿美新业态
打造健康生活目的地

　　绿美云南建设，要结合各地特点，重点开展生态旅游、森林康养、生物服务等新兴业态。云南具有怡人的气候、健康宜居的自然资源，这为大健康产业和旅游业提供了不可多得的优势。适宜开辟健康森林生态旅游路线，开展森林城镇、美丽乡村、森林村寨等建设。创建国家森林康养基地、

温泉养生谷林地、户外健身绿道、生态观光等特色康养场所，打造国内知名旅游目的地。大力推动大健康产业示范区建设，把昆明、玉溪打造成为现代生物药生产研发的重要基地和集聚区。积极打造"美丽云南""生态云南""绿色云南""康养云南"品牌。

绿美倘山　（曹津水　摄）

森林康养产业

充分发挥云南独特多样的森林康养资源优势，依托森林生态环境、景观资源、食药资源和文化资源，以促进大众健康为目的，大力开展保健养生、康复疗养、健康养老等森林康养服务。推动实施森林康养基地质量评定标准，创建标准化森林康养基地，提升森林康养资源质量，完善森林康养基础设施，丰富森林康养产品，打造森林康养品牌，提高森林康养服务水平。

大力开展保健养生、康复疗养、健康养老等森林康养服务产业

推动实施森林康养基地质量评定标准，创建标准化森林康养基地，提升森林康养资源质量，完善森林康养基础设施，丰富森林康养产品，打造森林康养品牌，提高森林康养服务水平。充分发挥云南独特资源禀赋，建设世界一流的"森林康养圣地"，满足人民群众多样化、个性化、高品质的大健康需求。坚持全域统筹，分级分类建设森林康养基地，培育一批设施完备、建设规范、特色各异、服务优良、管理有序的标准化示范基地。

完善森林康养产业发展布局

构建全省"一核两翼三中心六片区"的森林康养发展格局，即以昆明市为核心的森林康养产学研中心和集散中心，以昆明至丽江至瑞丽、昆明至景洪至磨憨两条旅游线为两翼，西双版纳、红河、德宏为中心，辐射带动滇中全季节森林康养综合示范区、滇西北森林康养高山植物体验教育区、滇西森林康养温泉康复疗养区、滇西南森林康养绿色食品国际养生休闲区、

滇东北森林康养探险康体运动区、滇东南森林康养民族文化健康养老区。各片区结合资源优势及现有基础，规划布局相应的重点县，建设一批森林康养基地，加快形成涵盖不同年龄段人群的云南特色森林康养产业体系。

澜沧老达保 （曹津永 摄）

将保护环境和解决生态环境问题作为首要工作任务，基于生态经济发展为切入点，保护好人们赖以生存的生态环境。森林康养产业需要在遵循国家政策要求的情况下，建设多类型和多层次的生态工业林，为森林康养产业发展提供资源支持。另外，还要找到行之有效的可持续发展战略，推动森林康养产业的完善和发展，在这一过程中，需要对森林康养基地的环境承载力进行考虑，同时将生态作为重要内容，对这一产业进行科学论证，严格规划，让生态保护与经济发展的矛盾得到有效改善，从而实现促进森林康养产业发展的最终目的。培养产业人才是推动森林康养产业高质量发展的重要途径。在培养人才方面，政府部门可以引导相关企业与院校进行合作，以学校教育和在职培训作为切入点，培养出适合森林康养产业的人才。企业应积极与高校达成合作，通过校企合作的方式，共同打造实训基地，并设置专业学科和课程，通过这种方式，使森林康养教育体系不断健全和完善。森林康养产业应通过在职培训的方式，促使在岗人员的专业素质提升，使其符合新时期森林康养产业的发展要求。最后还要将生态资源优势转化为经济发展和社会发展优势，通过各项政策的落实，满足人民群众对森林康养服务提出的要求。

森林＋养生养老。森林康养产业的发展，离不开养生、养老、体育保健等行业的支持，以某地区森林康养产业发展为例，该地区森林康养产业，将养生养老、体育保健作为发展内容，积极与所在地区养老、中医药养生、体育保健等行业对接，在此基础上发展各种康养服务，主要包括保健养生、康复疗养和旅游养老等，通过对政府政策、资金、人才和技术的有效运用，促使这些产业不断交叉延伸，以此来打造以森林康养为核心的产业集群。与此同时，森林康养产业还积极利用所在地区的人力资源，通过优质人才引进政策的实施，吸引这些高素质人才进入森林康养产业，为产业发展提供支持。此外，基于不同人群确定两类不同的森林康养模式，分别是动态康养模式和静态康养模式，同时设置多个产业项目，比如：森林冥想、森林越野、森林夏令营、森林瑜伽等等。最后，还在森林康养覆盖区域，建设了各种设施和场所，为客人提供无微不至的服务，使其服务要求得到满足。

普洱市西盟县经济林 （谢阳 摄）

森林＋旅游业。旅游是森林康养产业的重要发展内容，森林康养在发展阶段，需要利用丰富的动植物资源和人文景观吸引游客，同时，还要对林区内的基础设施进行完善，为森林文化教育区、历史文化区和自然生态区的建设奠定坚实的基础。以某地区森林康养产业发展为例，森林康养产业所在地区位于四省区的交界地带，地理位置极为优越，同时拥有旅游发展资源，有利于促进旅游产业的发展。为此，森林康养产业投入大量资金，用于宣传和基础设施建设，并凭借自身的位置优势，整合周边的旅游资源和客源，主动与文化旅游圈进行融合，同时强调区域旅游合作的重要性，通过候鸟式森林康养、中短期度假康养等项目的打造，实现对森林康养产业业态的优化创新，最终取得了显著的发展成就。

森林＋餐饮业。森林康养产业的发展，与餐饮、交通和住宿等基础产业存在密切的关联，餐饮、交通和住宿是森林康养产业发展的前提基础，如果餐饮、交通和住宿产业发展效果不佳，无法满足人民群众的需求，必然会影响森林康养产业的发展。森林康养产业发展后，会吸引更多的客人，而这些客人的涌入，可以为餐饮、交通和住宿等产业的发展提供支持。由此可见，融合发展是森林康养产业未来发展的重要趋势，建议相关部门和企业予以强调。某地区森林康养产业依托所在地区的餐饮文化，建设和发展特色餐饮业，同时整合地区内的中小规模餐馆，打造美食广场，增强餐饮业的知名度和吸引力。除此之外，通过对林业建设用地的有效利用，建设以森林为主题的酒店度假区，并大力发展特色民宿和餐饮场所。最后完善所在地区的交通体系，落实村村和旅游景点互通政策。

森林＋农业、制造业。森林康养产业在发展过程中，应充分发挥土地资源的优势，同时依据所在地区的动植物特点，建设种植园和养殖基地，比如：葡萄园、草莓园、苹果园、食用菌基地等，在此基础上促进观光农业、体验农业和休闲农业的发展。此外，建设特色村庄和特色小镇，同样是森林康养产业发展的有效途径。最后，还可以根据森林康养产业的内容，发展与之相配套的产业，比如：森林食品制造、中草药生产加工和保健品加工等。通过生态资源的开发和利用，推动森林康养产业与绿色农业和绿色工业的融合发展。

生态旅游产业

生态旅游作为一种绿色消费方式，是一种以可持续发展为理念，以实现人与自然和谐为准则，以保护生态环境为前提，依托良好的自然生态环境和与之共生的人文生态，开展生态体验、生态认知、生态教育并获得身心愉悦的旅游方式。实施旅游与城镇建设、文化建设、产业建设、乡村建设、生态建设的融合发展，进一步拓宽旅游产业发展空间。以项目建设为载体，深入实施大项目带动大发展战略，通过建设一批旅游重大（重点）项目，全面优化旅游产品结构，丰富提升观光旅游产品，大力发展休闲度假产品，积极开发专项旅游产品，推动以观光型旅游产品为主向休闲度假、康体养生在内的复合型产品体系转型升级，成为一种增进环保、崇尚绿色、倡导人与自然和谐共生的旅游。

坚持"政府主导、市场运作、企业主体、全民参与"原则，以旅游需求为基点，以旅游消费为主线，实施全域旅游、融合发展战略，构建"全域布局、全景覆盖、全局联动、全业融合、全民参与、全程体验"的"大资源、大旅游、大市场、大产业、大配套"全域发展新格局。

乡村生态旅游　　（张云霞　摄）

依托丰富的生态景观资源发展生态旅游产业

依托云南省的国家公园、自然保护区、自然公园，以及植物园、树木园、花卉园、国有林场、生态文明教育基地、自然教育基地、野生动物园、森林小镇、森林庄园、森林人家等可利用的生态景观资源，在保护的前提下，开展生态旅游、自然体验、生态教育等活动。发挥林草景观资源优势，丰富山地、草原、水上、空中休闲游憩项目，提升观光项目品质，积极开发森林和湿地观鸟、丛林探秘、动植物科普游、高原草原体验游等旅游产品。深入挖掘各地独特的民族文化和森林文化内涵，做出品质，游出特色。积极利用各地草原草场、高山草甸等适宜开发的区域，合理发展草原旅游，开展美丽草原精品推介活动，打造一批具有云南特色的草原旅游景区、度假地和精品旅游线路。联合旅游部门共同规划建设"茶马古道国家森林步道"，选择最具代表性的自然风光和人文景观进行串联，在不破坏自然基底的前提下建设最低限度的补给设施。加大现代科技、信息技术和互联网应用，利用"一部手机游云南"等平台大力发展智慧旅游。

完善生态旅游产业发展布局

以国家公园、自然保护区、自然公园的一般控制区为主体，根据各地自然保护地和林草资源地理分布，以及自然文化资源特征、生态旅游资源特征，大力发展全域旅游。重点打造大滇西旅游环线和澜沧江、怒江、金沙江沿岸休闲旅游示范区。在交通条件佳、景观资源优的自然保护地和林区、草原，优先开展生态旅游建设，续建完善与扩建、新建并重。以重点项目和相应的实施保障体系为支撑，有重点、有选择地扶持和开发一批品位高、吸引力强、配套设施完善的生态旅游产品。在生态首位的前提下，从实际出发，结合生态宜居、旅游胜地，完善基础设施建设。努力抓好以交通、水利、能源、信息、物流为主要内容的"五网"基础设施建设，改变全省基础设施落后局面，尽快消除制约生态旅游发展的最大"瓶颈"。完善周边的基础设施建设，对周边重点公路进行绿化造植，增加游客"美"的视觉享受。

高山林海　（李志纲　摄）

打造丰富的生态旅游产品

　　积极发展森林生态观光、野生动植物科考、森林休闲度假、森林探险、自然教育研学等特色生态旅游，打造特色生态旅游线路、生态旅游的知名品牌、森林生态文化品牌。云南省将以大滇西旅游环线、澜沧江沿线休闲旅游示范区、昆玉红旅游文化带为支撑，打造一批交通方便快捷、康养类型多样、医疗资源集聚、旅游产品丰富、生态环境优良、智慧化管理水平高的康养旅游集聚区、国际康养旅游示范区。

　　依托气候环境、森林生态、山地湖泊等自然资源优势，云南省将建设

碧沽天池花海　（林森　摄）

一批生态环境优美、康养内容丰富、休闲度假舒适的复合型康养度假区、生态旅游区、湖畔度假区、湿地公园、森林康养基地等生态养生旅游新产品。依托全省高原体育训练、户外运动场地,通过各类低空航线、登山步道、绿道、骑行道等有机串联,建设一批具有国际水准兼具民族特色的高端、专业、安全的户外运动基地、汽摩赛车场、国家步道、骑行绿道等康体健身休闲新产品。依托中药材种植基地、医疗康复基地、养生养老基地,充分挖掘推广民族医药特色诊疗保健技术和服务,建设一批医疗康养旅游基地、中医药食疗养生旅游区、健康保健养生旅游区、养老养生体验园区等医疗养生旅游新产品。

健全生态产品经营开发机制

在严格保护生态环境前提下，打造旅游与康养休闲融合发展的生态旅游开发等多样化模式和路径，拓展生态产品价值实现模式。鼓励将生态环境保护修复与生态产品经营开发权益挂钩，对开展荒山荒地、石漠化等综合整治的社会主体，在保障生态效益和依法依规前提下，允许利用一定比例的土地发展生态旅游获取收益。建设生态旅游、森林康养云服务平台。推进智慧生态旅游建设，实现生态旅游管理数字化、服务智能化、体验个性化。汇聚整理全省森林康养基地、体验基地、养生基地等森林康养资源，开发生态康养在线服务系统，集成和发布森林浴、森林步道、养生温泉、养生饮食、森林茶馆、运动养生等信息，满足个性化旅游康养方案定制。在云南生态旅游发展的过程中，要充分发挥这一地理位置优势，重点开拓发展南亚、东南亚旅游市场，增强云南旅游对南亚、东南亚游客的吸引力。提升云南生态旅游市场的品牌力，吸引各国游客来体验旅游，实现云南从旅游大省向旅游强省的转变。

红河屏边人字桥　　（谢阳　摄）

第四节

塑造绿美品牌，各美其美新价值

持续推进绿美品牌建设，打造国际、国内知名品牌，加快形成以区域特色品牌、区域公用品牌、企业品牌、特色绿美产品品牌为核心的品牌格局。开展森林生态标志产品认定，依法依规开展认定命名。做好品牌宣传推介，借助展会、博览会等渠道，加强市场营销。加强品牌保护监管，完善品牌管理服务，强化品牌保护和淘汰机制，维护品牌公信力。

区域特色品牌

强化品牌战略意识，将各州市（县、区）主导产业品类资源、自然资源、地域资源、文化资源等优势进行深度融合，挖掘培育区域品牌内在品质和外在形象。云南省拥有地理标志458件，其中地理标志保护产品65个，地理标志证明商标307件，数量上继续保持良好上升势头。

结合本地优势产业及特色产品优势，对具有明显地域特色的优势产业（产品）科学规划品牌发展战略，同种（类）产品主推区域公用品牌或重点企业品牌、产品品牌，统一形象、标识、包装和销售等，创建覆盖全省（市、县）优势产业、重点产品、特色产品的区域公用品牌。完善现有品牌培育机制并加大认定、培育力度，探索新的品牌创建、宣传及推介形式，不断丰富品牌培育内容和模式，举办品牌研讨会、现场观摩活动或借助各种展销会、推介展、文化节、旅游活动开展以产业、产品、品种、地域（特产地）为主题的品牌评选认定活动等，逐步为优势产业、重点企业、特色

绿美之核

产品创"名"、树"名"，推动其"名"由无到有、由小变大、由弱变强，逐渐提升特色优势产业、特色产品品牌的知名度和影响力，不断提升区域公用品牌、优势产业、重点企业及产品的"名"，促进"牌"的形成。

云南16个州市重视市树市花在绿美行动中的作用，使得当地的地域文化和城市特质能得到进一步的展现。种下一棵树，绿化一座城；盛开一树花，暖化一城人。市树市花既是城市形象的重要标志，也是城市文化的浓缩和城市繁荣富强的象征，对于塑造城市形象和提高城市文化品位具有积极意义。市树市花，源自人们对美好生活的向往，源自满足人民日益增长的优美生态环境需要，在重要山体、生态廊道、旅游城镇等地规模化栽种，打造一系列最美通道、最美山体、最美城镇等，形成具有地域特色、景观特效的区域亮点，大力塑造城市"名片"新品质。坚持"山水林田湖草"统筹发展布局，充分利用国际、国内及各级广播、电视、报刊、网络等媒体或在高速公路、机场、码头、高铁站、地铁站、大中城市繁华街区等场所定期对特色优势产业和涉农区域公用品牌、名企、名品进行公益宣传。

企业品牌

坚持品牌驱动。以质量为品牌内核，以绿色为品牌形象，以绿色有机认证、地理标志登记、危害分析和关键控制点（HACCP）、良好农业规范（GAP）等认证认定为载体，打好"企业＋基地＋产品"组合拳，加快形成区域公共品牌、企业品牌、产品品牌集群发展态势，实现品牌带动、品牌增值。

企业是品牌创建的主体。应建立推进"绿美产品"打造工作的财政保障机制，安排专项资金，加大企业扶持力度，加快推进"绿美产品"名企、名品发展。一方面，要加大招商引资力度，支持重点龙头企业利用技术、资源、品牌优势，通过兼并重组、上市或参股经营等方式，组建大企业、大集团，促进资本向品牌集中、技术向品牌集成、人才向品牌集合、资源向品牌集聚，进一步做大做强。另一方面，要结合本地优势产业发展，择优扶持一批产业链条长、产品附加值高、市场竞争力强、品牌影响力大的本土农业"小巨人"和龙头企业，切实解决龙头企业生产用地、用电、用水、税收等问题，支持企业扩大规模经营。同时，加大财政资金投入，支持龙头企业组织新品种、新工艺、新技术研发和推广，开展绿美产品精深加工，提升企业自主创新能力。此外，各地应结合优势产业发展实际，引进一批国内外品牌策划专家、产品研发专家及新型企业家等参与产业发展咨询和指导，邀请国内外知名院士赴滇建立院士工作站，为云南绿美产品品牌工作提供智力支持和科技支撑。

昆明市文林街一角　　（冯勇　摄）

绿美之核

加大市场开拓，加强品牌培育。把更多具有云南特色的优质绿美产品销到世界各地，让更多的消费者听说过、见到过、品尝过、买得到、还想买、重复买，培育出生命力旺盛的"名牌""品牌"。加大市场开拓力度，强化宣传推介，努力创建、培育和维护品牌。扩大云南绿美产品的美誉度和影响力，逐步营造"宣传名牌、认知名牌、选择名牌、消费名牌、依赖名牌"的良好发展氛围。

产品品牌

产品是承载"品牌"的重要载体，质量是产品的生命线，更是产品创建品牌的根本。按照"认证（登记）促规范，规范出品质，品质创品牌"的思路，因地制宜，围绕优势产业，大力支持农产品质量认证工作，坚持以体现优质优价形象和品牌培育为重点发展绿美产品，以强化精品、开拓国际市场为重点发展绿美产品，以彰显地域特色为重点发展地理标志产品，培育一批区域公用品牌，扎实奠定打造绿美产品工作基础。支持针对特色优势产业组织开展原产地证明商标注册和地理标志产品保护登记工作，支持优势产业龙头企业开展生产质量管理规范（GMP）、良好农业规范（GAP）、危害分析和关键控制点（HACCP）等国际通行的各类质量管理体系认证，促进企业规范生产、科学管理。引导名牌企业建设物联网体系，逐步实现生产记录可存储、产品流向可追踪、储运信息可查询，确保产品质量有保障。

立足地方资源优势，选择最适宜本地区发展的主导产业、重点产品进行培育与生产，积极推进"一村（乡或县）一品"的生产方式，纷纷举行以绿美产品为主题的各种旅游节、文化节、推介展等活动，加大宣传本地特色绿美产品，如油菜花节、杧果节、蜜桃节等。通过差异化、凸显特色化，打高原牌、走特色路，云茶、云菜、云花、云咖、云果、云药等社会辨识度高、个性鲜明的"绿美"品牌形象逐步形成。同时各地对历史悠久、品质上乘、规模影响力大的品种和产品进行地理标志登记保护，为绿美产品区域性品牌的培育提供扎实的产业和地域支撑。

突出"高原特色、生态精品"主题，积极推进绿美产品优势区创建和"一县一业""一村一品"等相关工作，积极培育绿美特色产业品牌。德宏咖啡、临沧普洱茶、元谋蔬菜通过首批国家特色农产品优势区认定。同时，借助专场推介、产销对接和招商引资等活动积极宣传推广特色绿美产业品牌。通过开展评选活动唱响本土品牌，注重质量评价的公信力、发展评价的科研力度、市场评价的可持续性和效益评价的社会性，加大对市场化考核的力度，体现当前云南绿美产品领军企业的品牌建设水平，具有较强的代表性。大力支持茶叶、花卉、蔬菜、果类和中药材五大重点产业的"十大名品"。以品牌打造和业态创新为重点，努力提升绿美产业要素发展的规模、质量、效益和水平，逐步形成结构合理、管理科学、优势互补、实力强大的绿美企业体系，形成一批在国内外有影响力的产品品牌，全面提升绿美产业竞争力。

　　他山之石，可以攻玉。绿美云南建设立足云南，以开放包容的姿态胸怀世界，借鉴参考国际和国内一切生态文明建设的优秀案例，从中汲取能为我所用的先进生态理念、科学方法与务实举措，坚持以人民为中心原则，助力绿美云南更好实现"绿化""美化""雅化"的目标，持续提升城乡人居环境，满足人民对美好生态环境的向往，让云岭大地的城乡充分融入自然之美，共建共享人与自然和谐共生的美好家园。

新加坡城市鸟瞰图①

新加坡
花园中的都市②

人在城中，城在花园中

一、案例所在地

新加坡

二、案例概况

新加坡，地处赤道附近，热带雨林气候，作为一个国土面积小（728.6平方千米）、人口密度高（7691.9人／平方千米）、种族多元、自然资源匮乏的国家，新加坡经过多年的艰苦奋斗，实现工业化与城市化的快速发展，成为一个经济发达、社会安定、环境优美的现代化城市型国家，并以活跃的经济、亲和的社会、可持续的综合优势跻身于全球城市前列。新加坡绿化面积占国土面积的45%，绿化覆盖率达到80%以上，拥有各类公园350个，居民区内每500米就可见公园一处，从而以"花园城市"闻名。

---

① 图片来源：ALLEN&OVERY 网，https://www.allenovery.com/en-gb/germany/global_coverage/asia_pacific/singapore。
② Yuen B . Creating the Garden City: *The Singapore Experience*[J]. Urban Studies, 2016.

三、设计要点

立法监督，合理规划。立法上，新加坡通过制定完备的环保法律，对各类污染排放和废物处理都做了严格的规定。如《公园和树木法》要求建设项目和建筑物中为树木和植被预留空间。政策上，制定政策鼓励公众参与垂直绿化建设，并在某些区域采取强制性的垂直绿化措施，使得城市部分区域灰色景观能被新建筑中的垂直绿化替代。行动上，垃圾处理厂的选址、排污管道的建设等方面都进行了详细的规划控制。同时，通过推出"清洁和绿色周"等活动，改善公民的环境和生态教育。①

政府主导，分类保障。绿化政策方面，"花园城市行动委员会"通过专门的行政手段，确保工作的科学性、连续性和严肃性，并将该行动作为数十年基本国策坚持不动摇，为后续的行动提供坚实的政策保障。新加坡政府通过设立"花园城市基金"，各个政府部门联手合作，形成全民参与绿化。还将绿色建筑作为强制性要求，规定在建筑物的顶部和侧面（如退台花园）以及建筑物内部种植植物。绿化行动方面，新加坡绿化工作由政府主导，采用种、管、养分离的方式运作，并对破坏园林绿化的行为给予重罚。近年来每年的绿化预算资金达到了 1.2 亿新元，其中 95% 是财政拨款。该部分拨款 1/3 用于新加坡公园局职工工资；1/3 用于开发、翻新公司；1/3 用于绿化养护。新加坡建立完善的园林绿化档案制度，对植物的病害及生长进行监控和处理，除此之外，还拥有一批专业的植物工程师，为城市绿化和科学管理提供了保障。

观念引导，培养公众爱护环境意识。政府除考虑环境的外部效益外，还倡导尊重他人、爱护公共空间、节约环保、绿色消费等理念。"天蓝、

① 王才强：《新加坡城市规划 50 年》，中国建筑工业出版社 2018 年版，第 75 页。

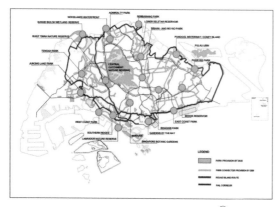

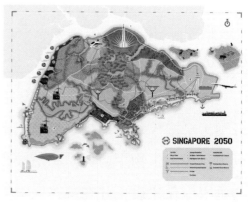

新加坡城市公园规划图（2030 年）①　　　　　新加坡城市规划图（2050）②

地绿、水清"共同家园的概念已经植入新加坡每一位居民的心中。

生态创新设计，推动可持续发展。其可持续发展经验集中在四个关键领域：建设可持续经济、创造可持续的生活环境、确保人民的可持续发展并为国际合作做出贡献。新加坡政府坚持保留 10% 的土地用于公园和自然保护区的建造。政府要求见缝插绿、大力发展城市空间立体绿化，努力打造垂直绿化。目前新加坡是世界上碳效率最高的 20 个国家之一。

合理规划，构建融会贯通的生态空间格局。在城市生态空间功能上，新加坡将水渠、河道、水库与公园绿地相连，形成水脉、绿脉、文脉相结合，生态空间与公共空间功能融合的特色局面。公共事业局于 2007 年启动了以"活跃、美观、清洁"为目标的水源计划项目，整合新加坡全域的公园（绿色）、水库和河流（蓝色）以及休闲设施（橙色），将水绿空间密切结合，构建高品质的滨水活动空间和社区交往场所，倡导亲水、亲绿的健康生活方式，逐步使新加坡全域水绿成网，并与步行活动休闲空间珠联璧合。

① 图片来源：ResearchGate 网，https://www.researchgate.net/figure/Urban-green-space-system-planning-map-of-Nanchang-in-2020_fig2_283260296。
② 图片来源：ArchDaily 网，https://www.archdaily.com。

澳大利亚
铁路桥下空间改造
费什巷城镇广场

一、案例所在地

澳大利亚布里斯班费什巷城镇广场

二、案例概况

维多利亚时代的布里斯班曾是港口工业区，其铁路桥下的费什巷是只有车道和停车场的闲置区，后经改造，这些未被充分利用的闲置空间成了一个种满蕨类植物和攀爬藤蔓的青翠活泼的城市空间，吸引人们前往。

三、设计要点

提供休闲服务功能，造就自然场所感。重建的费什巷城镇广场北以费什巷为界，南以墨尔本街为界，是一个为市民提供休闲服务的公共开放空间。位于铁路混凝土桥下的中央开放空间则被改造成为以蕨类及繁茂植物为主、以曲线砖砌结构为框架的具有自然场所感的优美景观空间。

澳大利亚布里斯班城市一角 　　（柏帆　摄）

澳大利亚布里斯班城市植物园 （柏帆 摄）

遵循适地适树原则，营造雨林景观。费什巷城镇广场种植了 3500 多种植物，包括本地的鸟巢蕨、澳大利亚扇棕榈、紫罗兰、蓝姜、夏枯草和 70 多种澳大利亚树蕨，此外，还混杂种植着外来的攀缘植物和低矮植物，将原有的混凝土地下通道转变成一个令人惊喜的具有乡土气息与热带雨林风格的景观。

设计、施工、苗圃、养护一体化。在施工过程中，设计团队与施工方、承包商和苗圃商密切合作，仔细选苗，定点栽植，在后期养护中，将种植区域与雨水池灌溉系统相连，在每棵树蕨上配以喷雾系统。通过养护一体化，呈现出生机活力的植物氛围。

拓展绿色空间，营造城市森林景观。在这个被铁路和建筑遮蔽的市中心，藤蔓植物覆盖在混凝土柱与拱形建筑上，拓展了铁路桥下的绿色空间。蕨类植物营造了一种让人忘记都市繁华的静谧景观氛围，将身处其中的人们与喧嚣的城市环境相隔绝，形成了城市中心的近自然森林景观。现在的费什巷城镇广场成为市中心深受游人喜欢的一个近自然公共空间，曾经被遗忘和忽视的"缝隙空间"，又得到充分利用，焕发出新的活力。

新加坡
老龄建筑的新范本 ^①

Kampung Admiralty 社区综合体

一、案例所在地

新加坡

二、案例概况

Kampung Admiralty 位于一片只有 0.9 公顷，并有 45 米建筑高度限制的基地上，是新加坡首个公共建筑综合体，即在一个建筑体量中融入所有公共设施和服务空间。不同于传统情况下各个政府机构各自取地，建造

新加坡 Kampung Admiralty 社区屋顶农场 ^②

① 《Kampung Admiralty 社区综合体，新加坡／WOHA》，谷德设计网，2018 年 12 月 21 日。
② 图片来源：谷德设计网，https://www.gooood.cn/kampung-admiralty-by-woha.htm。

国际篇

绿美城市

新加坡 Kampung Admiralty 社区空中平台平面图 [①]

出数座相互独立却没有连接的建筑体。Kampung Admiralty 通过一站式的建筑综合体，最大限度地利用土地，社区下层区域为社区广场，中层区域为医疗中心，上层区域则是社区公园和老年公寓，形成一个垂直社区。

三、设计要点

保留场地记忆，资源重复利用。社区规划时，基于原有地块旧址进行总体规划，尊重并保留原有地形与植被，充分利用场地现有资源。社区通过在各个住宅单元中建设自然资源发电系统，充分利用自然能源（风能、太阳能、水能），构建资源再利用系统。社区建设时，优先考虑对场地记

---

① 图片来源：谷德设计网，https://www.gooood.cn/kampung-admiralty-by-woha.htm。

忆的保护，最大限度地保留和回收旧建筑结构中的材料。各住宅间相互连接，形成社区内外连通的电力系统。自然资源发电系统和蓄电池动态的联动，使整个社区的用电量控制在一定范围内，从而减轻社区对社会资源的依赖。[①]

自然走进生活，构建生态社区。将住宅密度的增加与不同规模的城市绿化方案相结合，总体规划中探索新形式的绿化潜能，实现建筑垂直立面绿化。在社区中搭建阳光种植室，将其作为社区具有代表性的生态地标。这些措施不仅改善社区微气候，还为社区居民提供新的生态、人居环境。通过加强居民间的交流和接触，提升居民归属感和安全感，促进构建人文生态社区。[②]

营造垂直森林，自然走进建筑。社区住宅设计时，充分考虑居民的使用舒适度，实现每套公寓都配有充足阳光的花园、屋顶和户外空间，并实现户外空间的共享性与私有性。设计师将传统的外墙与园艺设施结合，设计出"盆栽阳台""种植窗""芳香长廊""番茄温室"等，为社区创造独特的绿化风格——垂直森林。社区引入以绿色为导向的森林社区建设理念，为改善人居环境和社区绿色发展提供帮助。

① Kentaro Funaki and Lucas Adams,Japanese Experience with Efforts at the Community Level Toward a Sustainable Economy: Accelerating Collaboration Between Local and Central Governments.
② 宋言奇：《刍议国内外生态社区研究进展及其特征、意义》，《现代城市研究》2010 年第 25 期。

荷兰
"绿色威尼斯"^①

羊角村

一、案例所在地

荷兰 Overijssel 省，De Wieden 自然保护区内

二、案例概况

羊角村（Giethoorn），本名希特霍伦，位于上艾瑟尔省（Overijssel）的 De Wieden 自然保护区中央，与维登国家公园相连，素有"荷兰威尼斯"之美称。由于地处两个冰碛带之间，所以地势相较于周边较低。积年累月的泥炭挖掘工作使得当地逐渐形成了大小不一的沟渠，当地居民因地制宜，将其拓宽改造为航道，最终形成今日运河湖泊交织、阡陌水道相映的画中景致。

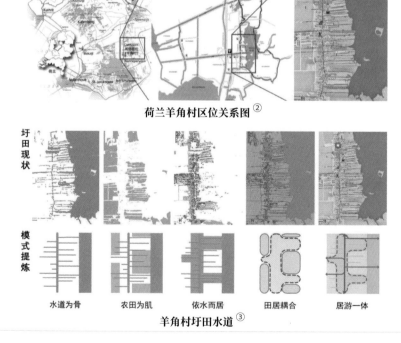

荷兰羊角村区位关系图^②

羊角村圩田水道^③

---

① 汪洁琼、江卉卿、毛永青：《生态审美语境下水网乡村风貌保护与再生——以荷兰羊角村为例》，《住宅科技》2020 年第 40 期。
②③ 图片来源：汪洁琼、江卉卿、毛永青：《生态审美语境下水网乡村风貌保护与再生——以荷兰羊角村为例》，《住宅科技》2020 年第 40 期。

三、设计要点

水绿相生的生态空间。羊角村是典型的泥炭圩田，其核心区正中有一条南北向的骨干水道，其余支干水道均为东西流向，状似鱼骨，水道向西是大片的农田，向东则大半流入博文怀德湖中，水道与湖体围合出大小不一、犬牙交错的长条形地块，形成了一种水道为骨、农田为肌、依水而居、田居耦合、居游一体的生态空间。

功能多样的滨水设施。在以圩田水道为生态基底的基础上，尺度宜人的桥、河埠头、亲水平台、台阶等除了承担交通功能外，还具有空间分界线、休憩与驻留等场所功能。这些滨水空间节点将水道、道路与私人空间联系在一起，成为最具活力的公共空间和视觉焦点。

植物、建筑群的色调统一。滨水空间多种植色彩艳丽的八仙花，与周边绿色的草坪和灌木形成对比，创造出氛围活跃的景观空间。冬季草木枯黄之时，黄与绿作为主调色彩，营造出一种远眺相融渐变，近观层次丰富的景观感受。此外，羊角村的建筑虽各有自己的外观，但整体色调统一。在建筑与植物共同构成的景观空间中，二者的色调也在和谐的范畴内，芦苇草顶、木质外墙和植被相映成趣，红黄色调的植物完美融入砖墙的背景之中，整个画面和谐统一，没有突兀之感。将植被色彩纳入风貌控制的范围，不仅是景观与建筑空间整体性的体现，更是审美体验与生态服务相融合的结果。

滨水植被空间的丰富多样。利用植被巧妙地营造出多样的滨水空间。其一，列植的小灌木作为水道公共空间与居民私家庭院的分界线，增添了几分雅趣。滨水空间孤植的大乔木作为视线的焦点，起到拉远视距、增加画面进深感的作用。其二，植物组合常使用背景林—中景大灌木—前景花

羊角村水绿相生的生态空间　　（Young　摄①）

灌木的配置方式，用高度限定出植物空间的递进感。大灌木作为天然背景，能够突出前方的花灌木或景观构筑物，并与小灌木形成高度和体量上的差异，产生不同的视觉感。

空间节奏变化的旷奥之感。羊角村有阡陌交通的幽奥空间，也有辽阔旷远、芳草连天的旷达空间。游客乘船沿极窄的水道前行，体验空间之奥，转过弯来便是水湾围合出的一片宽阔农田，随后又隐没入一片灌木丛，再往前又能顺着狭窄水道观赏草场上嬉戏的马儿，空间序列收放自如，富有韵律与节奏感，颇有《桃花源记》中"初极狭，才通人"，又"豁然开朗"之感。这些景观空间不仅在物质属性上切合了本土的生态特征，更在精神层面满足了人们的审美情趣。

① 图片来源：小红书，http://xhslink.com/u6mN5k。

比利时
码头沿岸的绿色花园^①

一、案例所在地

比利时，安特卫普市

二、案例概况

场地建于 2022 年，安特卫普市。位于 Kempisch 码头和一所医院之间的区域。经改造后，使得原来的荒地景观变成了有益空间，不仅环境面貌得到了改变，还带动了当地的经济发展。

三、设计要点

穿越花园的步道。在这块场地上，设计了一条蜿蜒的步道穿过花园中心，供人们漫步其中。通过特定方式种植各类植物，使场地形成了 5000 平方米的多年生花园，步道的设计增强了人与场地的联系，行人可以坐在路旁的长凳上，欣赏 Kempisch 码头的景色。也为人们在医院就诊前后等待期间内提供了一个安静的冥想空间。

海绵化绿植屋面。多年生花园的一部分位于地下停车场上方屋顶。绿植屋面将

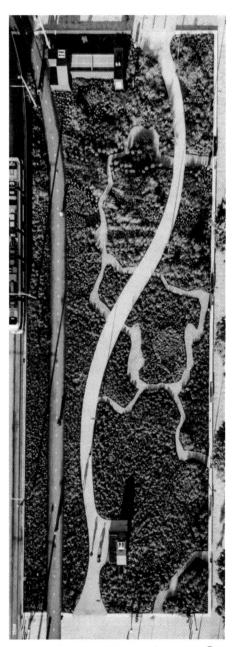

比利时码头花园平面图 （Lucid 摄^②）

国际篇 绿美交通

① 《城市友好空间设计，码头沿岸的绿色花园 / OMGEVING》，木藕设计网 2022 年 10 月 11 日。
② 图片来源：木藕设计网，https://mooool.com/a-green-edge-along-the-docks-by-omgeving.html。

雨水导入6口地下竖井，这些竖井由混凝土浇筑而成，由此收集的多余雨水被导入6个地下混凝土井中，并且可以储存100立方米的水。这些储存的雨水，在干旱时期可用作对绿色屋面植物的灌溉，可以节省各种能耗，也将形成良好的城市景观，提升城市的整体绿化率。

生物多样性营造。多年生植物和野花的结合确保了场地的生物多样性，由此，该地成为Spoor Noord公园和Eilandje公园绿色结构的重要一环。码头沿线现有的梧桐树通过土壤改良获得了新的生长机会，路面也由经过修复的嵌草卵石铺成。营造了该地多种植物生境，让适应城市生境的动物、植物、微生物等栖息其中。

完善服务设施。多年生植物花园通过设立新的自行车道、有轨电车站以及游客和应急服务设施，营造了高质量的公共活动空间，并提供了丰富多样的绿化，造福当地居民。

比利时码头花园鸟瞰图　（Lucid　摄[①]）

① 图片来源：木藕设计网，https://mooool.com/a-green-edge-along-the-docks-by-omgeving.html。

加拿大
全加高速公路 加拿大班夫国家公园段生态廊道

一、案例所在地

加拿大，阿尔伯塔省

二、案例概况

全加高速公路是一条贯穿阿尔伯塔省的主要干线，也是班夫国家公园的主要对外交通道路。该高速公路从东至西横穿班夫国家公园，切过公园

全加高速公路上的生物廊道①

---

① 图片来源：环球网，https://go.huanqiu.com/article/9CaKrnKiqpo。

所在的河流山谷，将麋鹿、大角鹿、驼鹿、狼、美洲豹、黑熊、灰熊以及其他野生动物的栖息地分离。不仅如此，该高速公路还阻断了公园内不少动物游移、迁徙的路径，并使它们在移动过程中面临死亡的危险。因此，为了增强各个栖息地之间的连通性，减少野生动物的道路死亡率，当局在全加高速公路班夫区段的 45 公里范围内建设了数十座路下式生态廊道便于野生动物迁移活动。

2017 年 ASLA 传播类杰出奖 生物廊道平面图 ①

① 图片来源：谷德设计网，https://www.gooood.cn/2017-asla-award-of-communications-championing-connectivity-how-an-international-competition-captured-global-attention-and-inspired-innovation-in-wildlife-crossing-design-by-arc-solutions.htm。

三、设计要点

维持栖息地的连通。该生态廊道的建设帮助物种适应了气候变化，缓解人类活动对自然栖息地的影响，改善受保护地区生态系统的完整性，连接物种不同生命阶段所需的各种栖息地类，支撑重要的生态系统服务，促进人类与野生动物的和谐共生以及人与自然的和谐发展。[1] 在保护地间建设、恢复或增强连通性，根本上实现气候适应管理。通过在野生动物移动的关键位置改进桥梁涵洞，设置道路交叉结构、标牌、围栏等措施，减轻了道路的负面影响，这类措施使野生动物与车辆冲突事件大大减少。

保护生态系统的完整性。大尺度生态廊道不仅为野生生物提供扩散通道，还在于维持野生生物生境及生态系统的完整性。14 余万只野生动物穿梭其间，动物、车辆各行其道，不仅降低了"路杀"风险，也让科学家们进一步了解了野生动物的特征和习性。生态廊道的建设也为身处工业世界的人们走近生灵，探寻人与动物、大自然和谐共处之道，架起了一座"桥"。

班夫国家公园生物地下通道 [2]

---

① 《加拿大启动"国家生态廊道计划"》，《中国绿色时报》2022 年 8 月 17 日。
② 图片来源：谷德设计网，https://www.gooood.cn/2017-asla-award-of-communications-championing-connectivity-how-an-international-competition-captured-global-attention-and-inspired-innovation-in-wildlife-crossing-design-by-arc-solutions.htm。

国际篇 · 绿美交通

新加坡
星耀樟宜[①]
樟宜机场

一、案例所在地

新加坡樟宜机场

二、案例概况

"星耀樟宜"是樟宜机场对内部的运营设施、休闲景点、花园等改造的一个项目，它以连接航站楼为宗旨，将文化与休闲设施结合起来，将机场打造为充满活力且振奋人心的城市中心，进一步呼应了新加坡"花园城市"的美誉。

三、设计要点

设计植物景观轴线，强化视觉关联。"星耀樟宜"在入口花园营造了南北、东西两条景观轴线，通过人行天桥与其他航站楼建立视觉关联，强化场地的空间认知，将繁忙的商业空间和宜人的花园融为一体。

森林谷花园，景观与生态相得益彰。位于核心地带的"森林谷"（Forest Valley）是一个阶梯式的室内花园，包含了步道、人工瀑布和安静的休息区，为游客带来多样化的互动式体验。中央的"雨旋涡"（Rain Vortex）被200多种植物围绕，瀑布从建筑拱顶的圆洞一路倾泻至底部的森林谷花园，不仅彰显景观的美，还起到景观环境降温的生态作用。

---

① 《星耀樟宜，新加坡 / Safdie Architects》，谷德设计网 2019 年 5 月 8 日。

创新技术，生态花园梦幻体验。"星耀樟宜"集成式的动态玻璃遮阳系统和创新性的置换通风系统为各类室内活动提供了舒适的空间，并为屋顶下繁茂的植物带来适宜的光照。位于第五层的"穹顶公园"（Canopy Park）是一个包括灌木花园步道、园艺展区和活动广场的景观区，其网状的结构悬浮在树冠之间，与玻璃悬桥、树篱迷宫和镜子迷宫共同营造出沉浸式的梦幻体验。

新加坡"星耀樟宜"森林谷实景图[1]

新加坡"星耀樟宜"剖面图[2]

国际篇 绿美交通

新加坡
碧山宏茂桥公园与加冷河修复 [1]

一、案例所在地

新加坡

二、案例概况

碧山宏茂桥公园建于 1988 年，建立之初是为了在碧山居住新区与宏茂桥区之间形成绿色缓冲带，并提供一定的休闲娱乐空间。曾是新加坡最受欢迎的中心地带公园之一。后由于公园需要翻新，且公园旁边的加冷河混凝土渠道需要通过升级来满足由于城市化发展而增加的雨水径流的排放，因此这些问题被综合考虑，进行此项重建工程。加冷河由笔直的混凝土排水道改造为蜿蜒的天然河流，这是第一个

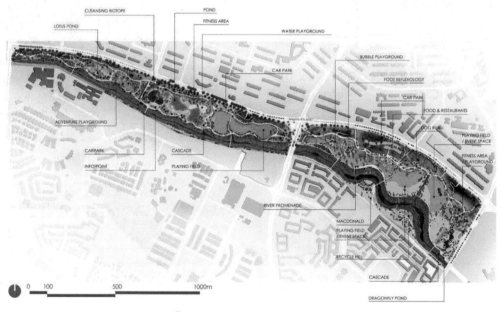

碧山宏茂桥公园与加冷河项目平面图 [2]

① 《碧山宏茂桥公园与加冷河修复，新加坡 / Ramboll Studio Dreiseitl》，谷德设计网 2013 年 8 月 7 日。
② 图片来源：谷德设计网，https://www.gooood.cn/river-restoration-singapore.htm。

在热带地区利用土壤生物工程技术（植被、天然材料和土木工程技术的组合）来巩固河岸和防止土壤被侵蚀的工程。通过这些技术的应用，为动植物们创造了栖息地，孕育了很多生物，公园里的生物多样性也因此增加了约30%。

三、设计要点

公园和河流的动态整合。通过对加冷河的改造，为碧山公园打造了一个全新的、独特的标识。崭新、美丽的软景河岸景观培养了人们对河流的归属感，人们对河流不再有障碍、恐惧和距离，并且能够更加近距离地接触河流。此外，在遇到特大暴雨时，紧挨公园的陆地，可以兼作输送通道，将水排到下游。碧山公园展示了城市公园作为生态基础设施，与水资源保护和利用巧妙融合在一起，并起到洪水管理、增加生物多样性和提供娱乐空间等多重功用。

安全考虑，预警保障。碧山公园安装了全面的河道检测和水位传感器预警系统、警告灯、警笛和语音通告设备，并沿着河岸设置了一些警告标志、红色标记和浮标。在大雨将要来临前或者水位上升时，水位到达安全节点，河流检测系统将触发警告灯、警报器和语音通报设备，提醒公园游客远离红色标记区。即使在遭遇特大暴雨时，河道中的水缓慢填充，游人可以轻松地从河边转移至更高的地面。

生态工法。生态工法技术包括梢捆、石笼、土工布、芦苇卷、筐、土工布和植物，将植物、天然材料（如岩石）和工程技术相结合，稳定河岸和防止水土流失。与其他技术不同的是，植物不仅仅起到美观的作用，在生态工法技术中更是起到了重要的结构支撑的作用。生态工法结构的特点是能够适应环境的变化，并且能够通过日益增加的坚固性和稳定性进行自身的修复。

加冷河鸟瞰图①

　　雨水综合管理。将混凝土水渠改建成为自然河道的同时，融入了雨水管理设计。在管理河流和雨水，自然与城市相结合，提供市民休息娱乐场所等方面为城市的发展提供了无限可能。城市一直以来被认为是大自然的对立面，因为气候变化容易导致洪灾，而干旱期则极大地影响了城市发展，如今，将二者融为一体增强了新加坡市的城市韧性。

河流公园增强了人与自然的亲近程度②

①② 图片来源：谷德设计网，https://www.gooood.cn/river-restoration-singapore.htm。

美国
华盛顿大学 [①]

一、案例所在地

美国西雅图

二、案例概况

1861 年，华盛顿大学建于美国西海岸华盛顿州西雅图市，其位置可俯瞰华盛顿湖，远眺奥林匹克山，被誉为"全世界校园中最好的规划、最佳的选址、最美丽和明智的设计之一"。

华盛顿大学鸟瞰图 [②]

① 刘佳：《美国华盛顿大学校园空间意象解析》，《创意与设计》2020 年第 2 期。
② 图片来源：谷德设计网，https://www.gooood.cn/2019-asla-general-design-award-of-honor-lower-rainier-vista-pedestrian-land-bridge-by-ggn.htm。

国际篇 绿美校园

三、设计要点

以可持续的发展理念建设校园。在校园规划中，注重保护历史文化环境，校园的设计充分体现了对环境和场地的尊重，结合山地地形和面向海湾的地理位置，形成了校园独特的空间结构。

利用视景轴线形成不同空间体验感。华盛顿大学在校园空间中形成了不同的视景轴线，这些视景轴线将不同的空间景观连接，增强了空间的视觉连续性，强化了校园景观空间的秩序性和整体性。华盛顿大学校园共有四条主要视景轴线和若干条次要视景轴线。其中，雷尼尔视景轴线是校园空间的主要控制轴线，可从红场远眺到雷尼尔雪山，使人产生缩紧—放大—广阔的变化感。在文理合院视景轴线中，中部的庭院空间以草坪、樱花、道路和四周建筑为元素，为人们提供了尺度适宜的交谈、驻足、休息、会面空间。

华盛顿大学景观轴线图 [①]

---

① 图片来源：谷德设计网，https://www.gooood.cn/2019-asla-general-design-award-of-honor-lower-rainier-vista-pedestrian-land-bridge-by-ggn.htm。

不同节点构成不同的开放空间。华盛顿大学按照可活动度与空间尺度，将校园空间分为四个等级。一级节点空间主要是红场、德拉赫勒喷泉广场、文理合院，它们不仅尺度大，还具有丰富多样的景观，是人群最密集、最开放的空间节点；二级节点空间主要为帕灵顿草坪、丹尼庭院、雷尼尔草坪等，它们尺度虽大但可提供的活动场所相对较少；三级节点空间为更小尺度的绿地、草药园等开放空间；四级节点空间为半开放或内向型庭院及花园空间，它们数量最多，形式也最为多样。

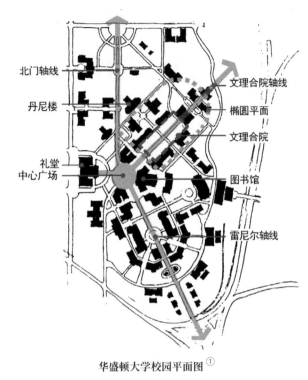

华盛顿大学校园平面图 [1]

建构自然、多元的校园边界。连绵不断的植物和高低错落的建筑物与山体结合，远远望去好似掩映在群山之中。东部区域地势低洼，是校园与自然的交界边缘地带，为了不破坏生态环境，大多数水岸仍保持原生湿地形态；西部区域利用港口湾、海岸线的优势，塑造了连贯的建筑群和开放的水上步行景观空间。在校园主体区域与周边区域的分界中，虽有数米不等的地形高差，但这些高差以护草坡、石笼、植物群落等形成了自然的过渡性景观。

① 图片来源：刘佳：《美国华盛顿大学校园空间意象解析》，《创意与设计》2020 年第 2 期。

国际篇 绿美校园

新加坡

新加坡德威学校^①

一、案例所在地

新加坡

二、案例概况

在遵循"孩子为先"的指导思想下，新加坡德威学校围绕不同年龄段学生发展需求，对学校景观空间的规划、设计和材料选择进行针对设计，为孩子提供了优美、生态、安全的校园环境。

三、设计要点

创造丰富的景观空间，提高孩子认知能力。在景观环境设计中，将变形虫似的线条融入幼儿及小学段的景观设计中，形成自由、灵活、有趣的景观空间。不仅与学校的教育目标相协调，还有助于提高孩子的认知能力。

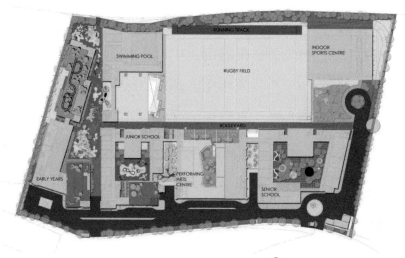

新加坡德威学校平面图^②

---

① 《新加坡德威学校 / DP Green Pte Ltd》，木藕设计网 2019 年 9 月 6 日。
② 图片来源：木藕设计网，https://mooool.com/dulwich-college-singapore-by-dp-green-pte-ltd.html。

根据学生发展需求，设置不同景观。幼儿年龄段的景观空间，包含室外操场和屋顶教育花园以及各种景观主题的地形小岛，将景观与游戏结合，鼓励了孩子的探索性和互动性。小学阶段的景观空间主要集中在共享庭院，在这空间中，学生们可以自由互动，互相协助，营造出有益的活动氛围。中学阶段，随着孩子独立意识的增强，其自我

新加坡德威学校绿色空间庭院　　（Tuckys　摄①）

新加坡德威学校墙面垂直绿化　　（Tuckys　摄②）

①② 图片来源：木藕设计网，https://mooool.com/dulwich-college-singapore-by-dp-green-pte-ltd.html。

国际篇　绿美校园

285

新加坡德威学校庭院空间效果图①

认同感也在发展，景观设计在保证可进行自由活动的同时，还在空间中用圆形树池界定了一定的边界，使每个学生在庭院中都有一个属于自己的特殊空间。

营造绿色校园，将孩子置于大自然中。在植物景观设计中，坚持将孩子置身于大自然中的理念。将100多种不同大小、颜色和质地的植物种植于校园的每个角落，这些植物吸引了蝴蝶与鸟类，丰富了校园的生物多样性。在露天用餐平台上种有一片青松树林，并在一堵40米长、6米高的墙面进行垂直绿化。随着季节的变化，孩子们会接触到各种各样、不断变化色彩、纹理的趣味植物。

---

① 图片来源：木藕设计网，https://mooool.com/dulwich-college-singapore-by-dp-green-pte-ltd.html。

西雅图
盖茨基金会园区[①]

一、案例所在地

西雅图

二、案例概况

在开发之前，基金会园区所处地点是一个 12 英亩的停车场，此处原本是位于联合湖和艾略特湾之间的一个富饶的沼泽地，随着时间的推移，工业活动将其污染成为一个有毒害的沼泽，造成了此处生态的退化。基金会园区的建设，将西雅图中心受污染的 12 英亩停车场改造成为全球合作和地方参与的生态环境和社会可持续发展的枢纽。

盖茨基金会园区鸟瞰图[②]

国际篇 绿美园区

---

① 《2014 ASLA 规划设计类荣誉奖：盖茨基金会园区 / Gustafson Guthrie Nichol》，谷德网设计网 2014 年 12 月 30 日。
② 图片来源：谷德设计网，https://www.gooood.cn/gates-foundation-campus.htm。

三、设计要点

互补性原则设计开发景观。以扎根本土为使命，按照互补性原则设计开发建筑和景观。地点和建筑组合形成的"原住地"与周围的社区及街道相呼应。在地面上，利用材料和植物在原先的沼泽地上建成场地雏形，不仅为整个场所提供可持续性保障，还恢复了之前失去的自然环境和生态功能。

完善公共设施配套。在街景设计的基础上结合相关的公共设施，使植物街景与传统的公共空间得到了有机结合，增强了公众活动空间的可利用性。道路两旁绿化植物的设计同样巧妙地区分了街道之间的界限，创新了公共领域街景的设计模式，为员工和客户提供了和谐舒适的办公环境。

预留交往空间。在园区内，景观结合独立建筑物，作为建筑物之间的日常通道，并为人们之间的交往和活动提供了空间。场地深水池

盖茨基金会园区细节图①

① 图片来源：谷德设计网，https://www.gooood.cn/gates-foundation-campus.htm。

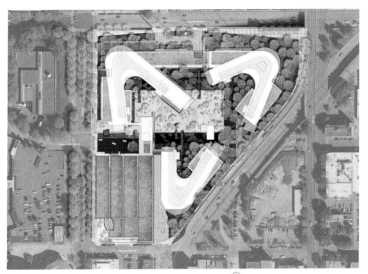

盖茨基金会园区平面图①

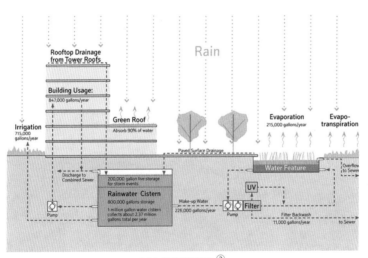

雨水管理流程图②

上的中央广场，为行人提供了公用地带并连接各个园区建筑物，背阴区种植着本地和外来的蕨类植物，原生常绿越橘和森林地被植物，如同水草般的草甸厚厚地分布在阳光照射的区域。

①② 图片来源：谷德设计网，https://www.gooood.cn/gates-foundation-campus.htm。

新加坡
滨海湾花园^①

一、案例所在地

新加坡

二、案例概况

滨海湾花园位于新加坡市滨海湾新区的填海土地上，占地 101 公顷，共包括三个海湾花园——南湾、东湾以及中湾，它们为全球和当地游客创建了一个独特的休闲目的地，也是新加坡"花园中的城市"规划愿景的一个组成部分，景区的建成提升了城市全球形象，同时展示了最好的园艺和花园艺术。

新加坡滨海湾超级花园全景图 ^②

---

① 《新加坡海湾超级花园 / Grant Associates》，木藕设计网 2019 年 11 月 11 日。
② 图片来源：lonexplorer 网，http://lonexplorer.com.au/gardens-by-the-bay 。

新加坡滨海湾超级花园鸟瞰图①

三、设计要点

自然与科技的融合。滨海湾花园（Grant Associates）的总体规划，融合了自然、科技和环境管理技术，并从兰花形状中汲取设计灵感。其中令人惊叹的建筑结构与各种各样的园艺展览、声光设计、湖泊、森林、活动空间和大量的餐饮、零售相结合。整体规划中的智能环境基础设施，不仅为濒危植物在新加坡茁壮成长提供了一个生活环境，还为该国家提供了一个休闲和教育平台。

特色主题海湾花园。海湾花园由各具特色的主题区域组成，亮点丰富。植物温室是由 Wilkinson Eyre 建筑事务所设计的两个巨型生物群落：花卉穹顶和云森林穹顶，展示着来自地中海气候区和热带山地地区的植物和花卉，为花园创造了一个全天候的"寓教于

① 图片来源：木藕设计网，https://mooool.com/gardens-by-the-bay-supertrees-by-grant-associates.html。

国际篇 绿美景区

乐"空间。超级树——Grant Associates 设计的 18 棵超级树的高度在 25 米到 50 米之间，它们都是标志性的垂直花园，主要通过垂直展示热带开花攀缘植物、附生植物和蕨类植物，来创造一个令人惊叹的记忆点。这些超级树种都嵌入了可持续的能源和水资源技术，这也是植物温室冷却的必要条件。园艺花园是以"植物与人"和"植物与地球"为中心的两个系列遗产花园和植物世界。大量的开花和彩色树叶景观结合在一起，在花园中形成了色彩、纹理和香味的奇观，为游客营建了一种迷人的体验。

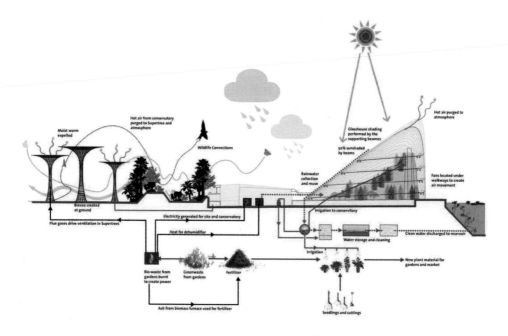

海湾花园生态系统①

---

① 图片来源：木藕设计网，https://mooool.com/gardens-by-the-bay-supertrees-by-grant-associates.html。

挪威
沃林斯瀑布景区 [1]

一、案例所在地

挪威

二、案例概况

沃林斯瀑布是挪威最大的瀑布，自 19 世纪初以来一直是一个旅游景点。尽管作为挪威最受欢迎的景点之一，但该地区交通不便且十分危险，还曾发生过几起悲惨事故。此外，大量的人流也

阶梯桥鸟瞰图 [2]

① 《挪威沃林斯瀑布游览路线 / Carl-Viggo Holmebakk》，木藕设计网 2022 年 3 月 23 日。
② 图片来源：木藕设计网，https://mooool.com/voringsfossen-waterfall-area-by-carl-viggo-holmebakk.html。

国际篇　绿美景区

导致当地原生的地形地貌受到严重磨损。该项目沿着大峡谷引人注目的陡峭边缘，设有几个瞭望台可以观看瀑布，并在峡谷周围建造了一条连续的长廊，使182米高的瀑布成为中心焦点，并且最大程度上降低栈道对环境的干扰。

三、设计要点

因地制宜。景区栈道设计巧妙地利用了当下地形地貌，并结合周边地景观环境，因地制宜。大部分的设计直接在现场开展。具体方法是在现场架起绳索，以1∶1的比例绘制3D实物图，然后对绳索进行扫描和数字化处理，这为项目提供了准确的坐标和地形状况，使建设在地形变化最小的情况下进行。

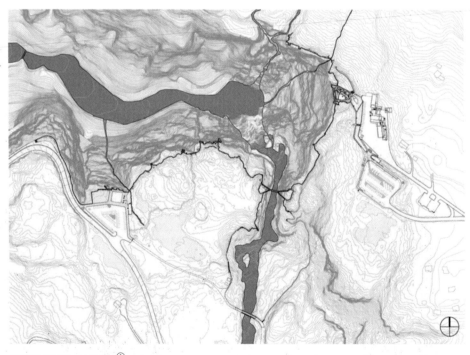

游览路线设计总平面图①

① 图片来源：木藕设计网，https://mooool.com/voringsfossen-waterfall-area-by-carl-viggo-holmebakk.html。

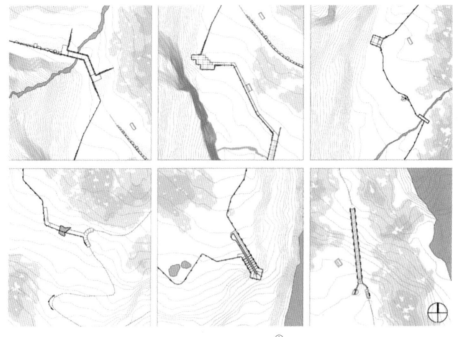

游览路线细部平面图①

交通系统有机联通。景区内地形中的路径和场地遵循现有的道路网络而设置，形成有机整体，使长廊与周边环境融为一体，浑然天成。在整个项目中，根据地形条件修建较小幅度的楼梯和台阶，以增加通过不平坦地形的可达性，大部分区域已经实现了普遍的无障碍通达，且连续的安全围栏起到了引导的作用。长廊建设的地基要从峡谷边缘向后退1.5米，精确地适应了场地地形。

尊重自然。整个景区栈道设计力求最大限度降低人工干预对生态景区的影响。在原有磨损迹象的区域、储存场和废弃的道路周围，重新栽种当地植被，使其恢复到自然状态，并采用几乎免维护的材料。空间抑扬收放，上下渗透，望而不达，内外联通，有限的空间内营造出多条不同的游园路径，同时形成一条极具趣味的观景廊道。

① 图片来源：木藕设计网，https://mooool.com/voringsfossen-waterfall-area-by-carl-viggo-holmebakk.html。

第二节
国内篇

深圳
国家生态文明建设示范市^①

深圳市绿地系统规划修编（2014-2030）^②

一、案例所在地

广东省深圳市

二、案例概况

深圳地处中国华南地区、广东南部、珠江口东岸，属南亚热带季风气候。全市下辖9个行政区和1个新区，总面积1997.47平方千米，建成区面积927.96平方千米。截至2021年，深圳建成区绿化覆盖率达43%，已建成全长约2843千米的绿道网络。现阶段，深圳市已建成立体绿化面积约600万平方米，并将继续大力推进立体绿化建设。

深圳是一座人口高度集中、空间高度集约、功能活动高度集聚的超大城市。生态建设上，2013年深圳市在全国率先启动生态文明建设考核。经过数年的环境整治，空气质量连续多年稳居全国前列，"深圳蓝"成为靓丽城市名片。深圳将市域近一半土地划定为基本生态控制线范围，明确规定全市生态用地比例不低于50%；坚持创新驱动；不断提升市民"绿色福

① 《深圳市绿地系统规划（2014-2030）》，深圳城市规划2020年10月26日。
② 图片来源：深圳市规划国土研究中心，http://www.upssz.net.cn。

利"。绿色建设上，至 2021 年年底，深圳市已建成各类公园 1238 个（不含深汕特别合作区），成为名副其实的"公园里的城市"。新建建筑率先全面执行绿色建筑标准，绿色建筑总面积超 1.1 亿平方米；率先在全国创建自然学校，培育环保组织 140 多个，环保志愿者超过 22000 人。

三、设计要点

依靠法制保障和科技进步，构建生态园林城市建设支撑体系。深圳充分利用国家授予的立法权，先后颁布《深圳经济特区城市园林条例》《深圳经济特区城市绿化管理办法》《深圳市生态公益林条例》等法律、条规，为城市园林绿化提供法制保障。通过大力引进和培养高素质的专业技术人才，加强城市绿地系统生物多样性的研究，特别强化园林植物育种及引种繁育实验，注重区域性物种保护和开发。逐步实施园林及绿化的数字化、信息化管理。并大力推进标准规范化进程，为生态园林城市建设提供技术保障。

坚持"生态效益"优先理念，构建完整的生态绿地网络系统。以维护深圳市生态安全格局，保护并修复重要生态廊道和节点为基础，构建"大公园"体系。通过公园建设促进绿地保护性利用；落实海绵城市建设理念，推动立体绿化发展，打造城市绿色海绵体；创新思路，结合大型环卫设施的生态修复，建设生态环保示范公园。同时，构建多层次的绿地网络体系，形成可达性强的绿色游憩网络；充分利用水库、河流、海岸等蓝色资源，融合周边绿地，强化蓝绿空间一体建设，构筑蓝绿立体交织的网络意象。

　　坚持"以人为本"指导思想，精心构建三级公园体系与宜居生活环境。深圳贯彻落实《中共中央国务院关于支持深圳建设中国特色社会主义先行示范区的意见》，抢抓粤港澳大湾区建设重要机遇，按照习近平总书记关于"公园城市"建设的重要指示精神，以人民为中心，以更高起点、更高层次、更高目标规划"公园城市"建设。持续增加公园数量、提升公园品质，落实山海连城计划，打造一批世界名园，营造世界级的公园城市景观，使城市绿色资源价值充分释放，人人享有优质的绿色空间，生物多样性明显提升，人与自然高度融合。通过公园城市建设，使深圳成为更健康、更美丽、更具人文关怀的国际化公园城市，打造人与自然和谐共生的美丽中国典范。[①]

　　强调可持续发展理念和市民可获得感。提出并贯彻"立体绿化融入城市生态景观格局和游憩体系规划理念"。在城市热岛效应突出、平面绿量匮乏区域，亟待修复的生态廊道与节点进行重点片区规划布局；结合游憩网络分析，有意识弥补服务空白、串联游憩空间、延续拓展自然教育等服务功能，引导重要空间节点布局落实各类建设发展要求，提升市民"可获得感"。[②]

深圳城市鸟瞰图[③]

① 《深圳公园概况》，深圳市城市管理和综合执法局，2022年2月17日。
② 《高密度建成环境下立体绿化建设发展路径探索——深圳市立体绿化建设发展指引＆福田区立体绿化建设发展规划》，深圳市规划国土发展研究中心，2019年。
③ 图片来源：深圳城市管理和综合执法局官网，http://cgj.sz.gov.cn。

深圳
重新呼吸的土地[①]

梅丰社区

一、案例所在地

深圳市福田区

二、案例概况

梅林片区地处福田区的北面。在改造前，该社区主要以城中村、老旧住宅和工业区为主，城市建筑老化，空间品质不高，形成大量的"城市盲区"。梅丰社区创意公园位于福田区中康路和北环路交会处，场地内为空置的钢筋水泥地面，四面被围墙围合，与周边地块存在一定高差。内部被居民占用为临时停车场。由于长期的空置加上缺乏管

深圳市梅丰社区绿地[②]

国内篇 绿美社区

理，部分区域已成为垃圾堆放的场所，场地四周杂草丛生、环境恶劣，与一墙之外的邻里社区及城市道路形成鲜明的对比。

---

① 《梅丰社区公园，深圳／自组空间设计》，谷德设计网 2020 年 11 月 19 日。
② 图片来源：谷德设计网，https://www.gooood.cn/meifeng-community-park-zizu-studio.htm。

三、设计要点

让土地重新呼吸，构建生态景观。对社区及周边进行系统梳理，拆墙透绿，打开社区的边界，建立社区绿地与城市街道和小区的可达性；砸掉现有钢筋水泥地，让土地重新呼吸，建立生态景观基底。利用碎裂的混凝土块进行微地形塑造，使之成为裂缝花园，旧的混凝土块与缝隙中的植物和谐共生，自然野趣的裂缝花园也成为小孩玩耍、追逐的游乐场。

就地取材，构建多元低成本景观。区别于传统社区绿化的大面积石材铺贴、大量使用大规格的苗木等做法。就地取材，采用低成本低维护的策略进行设计和建造。被砸碎的旧混凝土块可当作景观材料，堆砌成微地形裂缝花园；小的碎块用来作为填充石笼的材料；更小的碎块则作为海绵城市技术措施的地下碎石层以

深圳梅丰社区裂缝花园局部图①

深圳梅丰社区生态绿地分析图②

深圳梅丰社区植物景观③

①②③ 图片来源：谷德设计网，https://www.gooood.cn/meifeng-community-park-zizu-studio.htm。

深圳梅丰社区　　（王明　摄）

疏导下渗的雨水。植物设计上，选用规格较小的本土乔木树种，让其自然生长。底层植物选用低维护的观赏草和野花进行自然种植。

以人为本，提升人居环境质量。硬质设施上，通过完善社区内路网及基础服务设施，考虑周边使用人群设置儿童游戏场地、阶梯广场、文化展示长廊及慢跑道等多元的休憩娱乐场所，将场地变为安全舒适的社区公共绿地空间，让原本封闭的荒废地转变为活化周边社区的城市公园。植物选择上，除了保留场地内原有植被外，从居民安全的角度出发，选用无毒、无刺、无异味等有益于居民五感体验的花卉植被。提升人居环境质量，增加社区居民与自然的接触机会，利于居民的身心健康发展。

江西省
篁岭古村改造 [①]

一、案例所在地

江西省婺源县篁岭古村

二、案例概况

坐落在江西省婺源县东北部的篁岭古村已有近六百年的历史，它以优美的生态环境和经典的徽派建筑群而被外界赞誉为"中国最美的乡村"。但在快速城市化和乡村空心化的背景下，篁岭古村面临着诸多发展问题，

花溪水街实景图 [②]

---

① 《篁岭古村改造 / 婺源县村庄文化传媒有限公司》，木藕设计网 2022 年 3 月 11 日。
② 图片来源：木藕设计网，https://mooool.com/huangling-by-wuyuan-county-village-culture-media-co-ltd.html。

初冬篁岭 　　（江晓雯　摄）

如古建筑的倒塌、生态的破坏等。政府从全局视角出发，兼顾保护性修缮与创造性更新，实现了篁岭古村的整体焕新与和谐发展，使整个村落似重生般生长于自然之中。

三、设计要点

顺势山水，保护原有的生态环境。篁岭枕山面水，属于典型U字形聚落，民居围绕水口呈扇形排布。在保护更新的过程中，顺势山水，不同的建筑、景观及空间疏密有致，与梯田、岭谷交错融合，形成溪水回环的乡村景观。在改建过程中遵循可持续原则，最大限度建成环境友好与资源循环的体系，尽量减少对原貌的破坏，让修整的痕迹降到最低。利用地形高差将山泉水

引入村庄，形成完整水系，并在水系旁种植乡土植物，营造出叠溪水景；利用场地原有的材料，如红土、毛石等，结合传统建筑工艺，对建筑风貌进行多样化原生态的改造；利用老旧石板铺地，镶贴卵石，形成协调的道路肌理。

进行文化挖掘，营造花海风情。充分挖掘"晒秋"文化，对其进行艺术打造，还原出独特的市井文化。在周边万亩梯田上种植彩色水稻和油菜花，并在村落内的边角地、空隙地上种植果蔬，与周边的树种配合，使村落形成花海景观。

改造后的篁岭　（江晓雯　摄）

篁岭古村局部改造①

---

① 图片来源：木藕设计网，https://mooool.com/huangling-by-wuyuan-county-village-culture-media-co-ltd.html。

上海
城市的"疗愈之肺"[1]

桃浦中央绿地

一、案例所在地

上海市普陀区

二、案例概况

上海桃浦中央绿地[3]

桃浦中央绿地位于上海市普陀区，东至景泰路，南至真南路，西至敦煌路，北至桃惠路及永登路，项目整体为狭长形态的公共绿地，共计有六个地块，平面上形成"J"形布局，总用地面积50万平方米。[2] 在满足陆桥和隧道基础道路设施需求的同时，创造出一个庞大且连续的公园。设计将行人安全放在首要位置，致力于加强邻里互动，并在此基础上创造了栖息地和野生动物走廊。

三、设计要点

增绿提绿，提高城市绿化覆盖率。桃浦绿地在密集的城市环境中创造出广阔的自然感。场地内树木覆盖率达到70%，为公园提供了充足的绿荫，同时也为该地区的碳固存做出贡献。树木与地形共同定义了公园的边界，也为市民塑造出不同的公园体验感。种植方面选择了适合上海气候的本地

① 《2020 ASLA 通用设计类荣誉奖：桃浦中央绿地，上海 / James Corner Field Operations》，谷德设计网 2022 年 4 月 11 日。
② 《上海桃浦中央绿地：从重污染工业区到"疗愈之肺"》，腾讯网 2022 年 4 月 12 日。
③ 图片来源：谷德设计网，https://www.gooood.cn/2020-asla-general-design-award-of-honor-taopu-central-park-james-corner-field-operations.htm。

国内篇 · 绿美交通

上海桃浦中央绿地①

植物以及适应性强的树种，包括水杉、银杏、柳树、柏树和桃树等，沿中央水道两侧种植。一系列相互连接的岛屿——包括垂柳岛、枫树岛和桃花岛——为开阔且活跃的场地提供了宁静的空间，同时也增强了整个公园的体验性和生物多样性。

打破公园建设固有模式，保护生境完整性。桃浦中央绿地打破了中国许多公园的固有模式。陆上桥梁和隧道在满足道路基础设施需要的同时创造出一个庞大且连续的公园，优先考虑行人的安全，加强邻里联系，创造出新的栖息地和野生动物走廊。将所有穿过场地的道路都进行改造，以创建连续的公园和城市栖息地。在公园的中央位置，位于古浪路上的"桃浦

---

① 图片来源：谷德设计网，https://www.gooood.cn/2020-asla-general-design-award-of-honor-taopu-central-park-james-corner-field-operations.htm。

景观山及瞭望点"为市民提供一个视野开阔的赏景平台，而其下方的隧道连接了东西向的交通。

尊重现有场地，提供不同地形体验感。为了妥善应对场地中的工业遗产，进行挖掘、迁移、对受污染土壤覆盖的土方工程。采取了在现场管理土壤而非迁往别处的做法，有助于实现更长久的生态效益。不同于上海的平坦地貌，该场地的粗糙土层造就了一个如雕塑般起伏的地形基础，并由此带来山谷般的体验，使游客们得以欣赏到城市和公园本身的绝妙景观。

利用现有运河水系，建设海绵城市。桃浦中央绿地的水系统与既有运河相连接，通过中央谷地让水通过曝气设施和净化湿地，过滤并改善水质，同时收集水用于现场再利用。中央绿地下方是一个巨大的地下水池，每天可以储存约3万立方米水，通过将水引至公园湖泊来减少附近的洪水风险，干旱时还能起到储水的作用。公园的建造使用多种新型材料，例如用于铺设道路的透水沥青，能够允许水以每分钟4000升的速度下渗；还有由锯屑制成的ASWOOD材料，能够让水穿透地表直接到达植物根部。经过重塑的水道是公园设计最重要的特征之一，它将水净化技术作为景观的可见部分展示出来。

上海桃浦中央绿地平面图①

---

① 图片来源：谷德设计网，https://www.gooood.cn/2020-asla-general-design-award-of-honor-taopu-central-park-james-corner-field-operations.htm。

国内篇

绿美交通

307

杭州
走进风雅古城

杭金衢高速兰溪收费站周边^①

杭金衢高速迎宾大道鸟瞰图^②

杭金衢高速兰湖大道入口^③

---

① 《杭金衢高速兰溪收费站周边（南入城口）及兰溪市迎宾大道景观改造设计／太禾设计》，谷德设计网 2021 年 5 月 13 日。
②③ 图片来源：谷德设计网，https://www.gooood.cn/landscape-renovation-design-of-hangjinqu-expressway-lanxi-toll-station-south-entrance-and-lanxi-yingbin-avenue-china-by-tophill-design.htm。

一、案例所在地

浙江杭金衢高速兰溪入口

二、案例概况

浙江杭金衢高速兰溪入口及迎宾大道（横山大桥－杭金衢入口段）位于兰溪市南部，北接横山大桥，直通兰溪主城区。改造前的兰溪南入城口缺少标志，周边是废弃的农田，污水汇集，杂草丛生。交叉口按公路标准建设，路口较宽，没有红绿灯，存在安全隐患。迎宾大道一部分道路两侧是大片的树林和小规模池塘，另一部分两侧则是简陋的民宅。杭金衢高速高架桥上挂满简陋艳俗的户外广告，无标志性、无辨识性。

三、设计要点

因地制宜，营造可持续发展景观。将现有资源和场地功能科学结合，合理运用。用最小的成本，以最低的影响，呈现最优的景观效果。绿地景观改造过程中，尊重原有场地地形与生态结构。以提绿增绿为目标，通过选用不同层次的植被种类，增加道路景观的丰富度。同时，兰溪收费站周边植物选用观花植物、色叶植物，增加了道路景观的色彩感。

完善道路规划，突出视觉景观。遵循道路设计规范，提升道路通行质量，保证通行安全，考虑车行观景体验。高速公路枢纽区的景观绿化以自然式绿化为主，枢纽区内利用原有地形及植被营造公路景观，景观设计灵活、自然、个性化。边坡处多采用缓面处理，突出视觉景观效果。中央分隔带依据环境条件的不同宽度变化灵活。在有条件的路段，中央分隔带设计宽度大于12米，有效保证车辆真正分流，减轻对向交通气浪压力及噪音，降低夜间车灯炫目影响。

浙江丽水绿美城市建设 　　（虞凤雅　摄）

　　凸显地方特色，传承城市文化。强化兰溪风土人情，提高城市形象品牌，增强城市文化魅力。杭金衢高速兰溪入口处利用地形设计茶园。借鉴梯田的种植形式，种植每垄宽 1.5 米的茶树，并采用专门的机器采摘茶叶，既产生了经济效应，也凸显了大地景观的观赏价值。在其余的道路转角处设置绿地，增加兰溪标识，强化门户形象。

嘉兴
森林中的火车站[①]

一、案例所在地

嘉兴市南湖区

二、案例概况

嘉兴市东邻上海，西靠杭州，北依苏州。该项目位于浙江省嘉兴市中心城区。火车站所在的南湖区为嘉兴市的主城区、老城市中心，是嘉兴历

图例
① 北/南候车大厅
② 公交首末站
③ 地铁站
④ 有轨电车站
⑤ 地下进站口
⑥ 人民公园

嘉兴火车站总平面图[②]

---

① 《MAD 新作：嘉兴"森林中的火车站"》，谷德设计网 2021 年 1 月 11 日。
② 图片来源：谷德设计网，https://www.gooood.cn/mad-unveils-jiaxing-s-train-station-in-the-forest.htm。

嘉兴火车站鸟瞰图①

---

① 图片来源：谷德设计网，https://www.gooood.cn/mad-unveils-jiaxing-s-train-station-in-the-forest.htm。

史最为悠久的辖区之一。规划和改造设计的片区占地面积 35.4 公顷，包含嘉兴火车站、车站南北广场以及"人民公园"。改造前的火车站已达到吞吐量上限，周边片区交通混乱、配套不完善、公共设施短缺等一系列问题，导致火车站周边发展受阻、产业结构低端。

三、设计要点

以人为本，绿色发展。遵循历史资料对老站房进行 1∶1 复原，地面腾出大量的公共空间，将自然还给市民和旅客，给嘉兴带来了一个绿色的城市中心，一个"森林中的火车站"。在改造中，把"人民公园"扩大，以绿色覆盖城市中心，重塑临湖绿洲。公园景观经过精心设计，以老站房为主的精神轴线贯穿始终，站前种满大冠幅树木，为场地带来怡人林荫。改造后，无边界的公园以开放的姿态迎接每位旅客和市民，吸引大家在此停留，享受优美的自然环境，化嘈杂为惬意和安静，真正把城市中心还给人民。

多元融合，生态发展。铁路沿线景观绿化重视景观的协调效果，强调铁路与周边地域景观环境的协调融合，遵循人文关怀思想，为旅客提供景观、生态、文化、游憩多方面体验。铁路沿线林木茂盛，铁路周边用地以草坪、地被植物、林木或木屑等覆盖，与周围山林、田野、牧场融为一体，营造了协调优美的景观。沿线景观节点处，通过采用孤植或丛植风景树配以灌木丛等方式，形成景观亮点。

南京
玉兰河环境整治工程[①]

一、案例所在地

南京市

二、案例概况

　　玉兰河位于南京市浦口区永宁镇区西侧，属于老山的行洪通道之一。最初，河道两侧高大的防汛墙遮挡了人们观看河流的视线，而溪流本身也因为缺乏有效的保水措施导致水量较少。所采取的防汛措施也隔断了河道与周边场地的物质交换，割裂了居民与水的生活情感交流。通过生态修复系统手段缝合河道两侧被割裂的空间，力求水利设施景观化，景观设施艺术化，重新诠释人与水、水与城之间无界共生的关系。

南京玉兰河整治后效果[②]

---

① 《南京浦口区永宁街道玉兰河环境整治工程 / 北京正和恒基滨水生态环境治理股份有限公司》，谷德设计网 2021 年 3 月 2 日。
② 图片来源：谷德设计网，https://www.gooood.cn/environmental-improvement-project-of-yulan-river-in-yongning-street-pukou-district-nanjing-by-beijing-zeho-waterfront-ecological-environment-treatment-co.htm。

玉兰河水涧台 ①

三、设计要点

实现蓝绿空间的无界交融。通过一系列基于自然的解决方案，在有限的空间中流露出的是蓝绿空间的无界交融。改造后，提高了玉兰河的水体流动性，恢复了河道空间的生态基底，建立起一个具有自我调节和自我修复功能的防御系统。结合生态工法和传统工程材料，在不利用任何大型机械和混凝土的前提下，通过三维土工格室力学将木桩与卵石搭配使用，对水陆边界和河道漫滩进行了土壤的加固处理，同时结合植物的应用来解决这一难题。改造后的河道两侧绿地高低起伏，向蜿蜒曲折的溪水中缓缓延伸，增大纳洪空间的同时，实现了水绿空间的自然过渡。"水净"的实现得益于率先启动的控源截污工程及两岸丰富多样的水生植物；"水丰"则依靠量身定制的多层级水循环方案。

开放河道空间。开放的河道空间满足了城市不断增长的多元化需求，吸引了游人与水亲近互动，还为创造繁荣宜居的小镇提供了条件。以前的

国内篇

绿美河湖

玉兰河自然驳岸 ①

河道虽然近水却不能吸引游人亲近互动，巨大的高差看起来对亲水需求是一种限制，实际上却可以为实现多维度立体化的交通系统创造可能。通过设计一条蜿蜒的小路在场地里延展开来，将人们从周边的街市引入水绿交融之处。

拓展河流多功能体验可能。经改造，玉兰河为小镇居民释放出足够的交流空间，延展了生活尺度，让原本封闭荒芜的河道空间充满生机与活力。开始融入、丰富了居民生活，迸发出多种近水可能。改造项目一方面通过慢行交通系统将滨水空间的体验和影响外延到河道外，另一方面通过场地的设计向河道内部融入市民生活的日常，居民既可以在挑出的平台上驻足远眺，亦可以在溪流漫滩中纵情自然。

尊重河道，科学理水。尊重河道本身行洪的功能需求以及因季节而变化的水文特征，将原河道改造成为"主河槽 + 浅水溪流"的断面形式。主河槽作为行洪泛洪的弹性空间，保障极端天气下河道的安全；浅水溪流则用以改变水系平面形式，形成近自然的河流形态。

---

① 图片来源：谷德设计网，https://www.gooood.cn/environmental-improvement-project-of-yulan-river-in-yongning-street-pukou-district-nanjing-by-beijing-zeho-waterfront-ecological-environment-treatment-co.htm。

上海
大华马杰克双语幼儿园[①]

一、案例所在地

上海宝山区

二、案例概况

大华马杰克双语幼儿园位于上海宝山区，西邻美丹路，南侧临河，北东两侧为高密度住宅，改造前存在许多问题，如场地轴线式布局，分割感强；大量低矮灌木导致蚊虫较多，且灌木视线遮挡严重，视线不通透，不利于安全管理等。2018年经过改造，这里成为孩子放飞自我，提高认知、情感、社交、运动和语言技能的绿荫花园。

大华马杰克双语幼儿园鸟瞰图[②]

国内篇 · 绿美校园

---

① 《上海大华马杰克双语幼儿园》，张唐景观2020年9月25日。
② 图片来源：张唐景观，http://www.ztsla.com/project/show/124.html。

三、设计要点

梳理下层灌木空间，提供不同的使用功能。在幼儿园改造中，将下层灌木空间进行梳理，释放出一定的场地空间，留给孩子们自由奔跑。通过下层灌木的梳理，减少灌木对视线的遮挡，增加通透性，便于管理，同时还可减少蚊虫叮咬。

尊重场地现状，达到生态排水。对于场地原有乔木，全部保留，并重新梳理地面竖向空间，结合塑胶场地与草坪，做成起伏包地，解决场地排水问题的同时增添场地趣味性。

化繁为简，增添场地趣味。在改造中，去除装饰化、符号感强的入口水景，借助光影廊架，以光影分割场地，增添趣味。在南侧密闭的背景林前，结合地形，打造园区的自由核心场地——斜坡环，基本做到现场土方平衡。

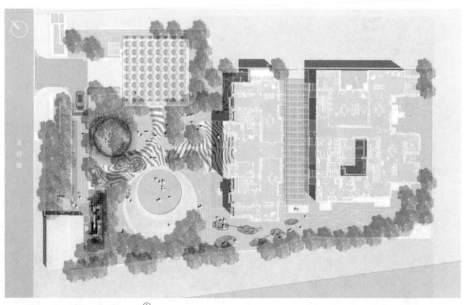

大华马杰克双语幼儿园平面图①

---

① 图片来源：张唐景观，http://www.ztsla.com/project/show/124.html。

斜坡环为幼儿园打造了一个宽敞的活动空间，吸引着幼儿园各年龄段的小孩释放天性，达到场地越便捷，后期使用可能性越丰富的设计目标。

设置特定的小孩活动装置设施，丰富场地体验。针对幼儿园小孩的活动特性，打造一套活动装置设施，包含边角地块设计的五个菜园种植池，配套无动力灌溉互动系统，让孩子在玩耍过程中学习植物生长知识，从而做到寓教于乐；模块化攀爬架，为小朋友提供钻、攀、滑、穿越的丰富体验；在体量最大的香樟密荫之下，设置了可坐可跑可跳跃的起伏步道，与场地斜坡环一小一大相呼应。

大华马杰克双语幼儿园儿童林间活动①

---

① 图片来源：张唐景观，http://www.ztsla.com/project/show/124.html。

深圳
万科云城园区[①]

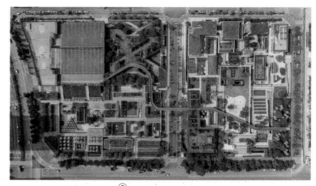

万科北绿廊总体平面图 [②]

一、案例所在地

深圳市南山区

二、案例概况

万科云城园区位于深圳市南山区，属于万科规划留仙洞绿廊建设项目用地中的 05-01/05-02 地块，总用地面积 37010.4 平方米，总建筑面积41585.13 平方米，地上建筑 2 层，地下建筑 2 层，建筑高度 9.9 米，包含了城市公园、公交首末站、商业、办公等功能。

三、设计要点

绿色设施，拉近社交距离。由于在园区内能直接接触阳光、空气、绿化公园，为办公人群提供了心理上的愉悦感。产生聚集活动，人群之间有视线和偶遇的接触，使园区办公人员获得社交层面上的延展性。

空中漫步道连接。万科云城以空中漫步道为线索，形成有社群黏度的设计公社，建成之后最大化减少了各个分区之间的相互干扰，又巧妙连接了园区中的不同区域。漫步道设计符合人体力学和安全要求，也为园区内的人员提供了便捷。沿着空中漫步道便于穿越园区的各个区域，也是周边居民和园区年轻人下班后的最佳锻炼场地。

引入智能立体车库，高效利用空间。万科云城园区通过引入智能立体车库，解决了园区以往的停车场使用问题，高效利用了空间。传统机械停

---

① 《万科云城设计公社 A1-B2 地块及公交站，深圳 / UV 独特视野 & 香港华艺设计》，谷德设计网 2019 年 12 月 13 日。
② 图片来源：谷德设计网，https://www.gooood.cn/vanke-cloud-city-plot-a1-b2-design-community-and-bus-terminal-shenzhen-china-uv-architecture-huayi-design.htm。

北绿廊鸟瞰①

车场的使用存在很多弊端：找停车位容易擦碰，或者时常忘记车停在哪里。通过引入智能立体车库，综合性地解决了这一问题。首先让300辆车的停放压缩到一个极小的空间中，腾出大量空间用于办公和其他使用，地下空间的价值得到最大释放。其次，车辆环绕绿化天井和自然光庭，使车库不再是隐蔽的后勤设施，而成为一个独特的亮点。通过简洁的玻璃幕墙，让内部车厅的机械部件和车辆的往复运动从外部得以感知，形成自然展示效果。将公园变为立体绿化空间。阳光和空气引入下沉庭院，坡道缓缓地向上延伸到10米高的观景台，并与贯穿绿廊的空中漫步道无缝连接，使车库融入公园立体景观。

① 图片来源：谷德设计网，https://www.gooood.cn/vanke-cloud-city-plot-a1-b2-design-community-and-bus-terminal-shenzhen-china-uv-architecture-huayi-design.htm。

国内篇

绿美园区

四川省
九寨沟景区立体式游客服务中心^①

一、案例所在地

四川省

二、案例概况

九寨沟景区沟口立体式游客服务设施建设项目位于九寨沟风景名胜区沟口。项目总建筑面积约 3 万平方米，总用地面积 8.996 公顷。建设内容包含游客服务中心、国际交流中心、荷叶宾馆改造、林卡景观、白水河和翡翠河驳岸加固、立交桥及引道建设等。作为景区标志性建筑及门户，项目建成后，将为每天最多 4.1 万人次游客提供交通接驳及保障性服务。

神奇的九寨　（姚勇　摄）

① 《九寨沟景区沟口立体式游客服务中心 / 清华大学建筑设计研究院》，谷德设计网 2021 年 5 月 21 日。

九寨沟瀑布景观 （姚勇 摄）

三、设计要点

坚持取意人文。设计融入九寨天堂的山水胜景，体现了川藏特色的文化底蕴，师法自然。立意与九寨沟自然山水形态相呼应，建筑内外充分体现川藏文化内涵，造型舒展流畅，融合传统文化与现代风格，是富有深厚文化底蕴、集各项管理服务功能于一体的"环境建筑"。景区入口的"罩棚"承载了九寨本身的文化传承和积淀。九寨慧眼状的 LOGO 作为一种自然和人文交融的符号，具有很强的标志性和认同性。建筑本身不是对符号单纯的模仿，通过树状柱悬挑出来的结构造型和连续的地势引导，在空间上体现出和环境山体的呼应，在功能上最大限度地把空间留给游客。

坚持因地制宜。西侧的山边比东侧的翡翠河畔高 6 米左右，利用场地原有地势，设置了平台层与西侧场地标高持平，作为游客的主要出发层；平台下层比翡翠河水位略高，作为游客主要的到达层；在游客高峰时段，平台层和平台下层同时作为出发层，游客可快速进沟游览。在出发层可以

饱览沟口的三山两河，成为进入景区的前奏。集散中心充分利用原场地高差，造就了平台形象的亲近感。

坚持与自然相融合。展示中心位于游客集散中心东侧。屋面与智慧中心连接，盘旋的造型如同植物即将舒展的幼苗，和自然环境高度融合，又象征藏地"法螺"，将九寨沟自然美景传达世界。

景观再现林卡风光。游客中心东侧是由清华大学建筑学院朱育帆教授团队设计的林卡景观，它以水为母题，在翡翠河东南岸打造"藏地林卡"。通过保留现状植被，塑造疏林草地景观，再现林卡风光。疏解沟口集散广场高峰期间游客聚集压力的同时，为游客和周边居民提供休闲游憩的场所。

打造丰富的近水体验。出于生态保护的目的，九寨沟自然保护区内的自然水体不可随意践踏、碰触，但游客亲水的意愿十分强烈。为弥补这一

九寨沟景区游客服务中心鸟瞰①

---

① 图片来源：谷德设计网，https://www.gooood.cn/visitor-center-of-jiuzhai-valley-national-park-china-by-thad.htm。

遗憾，设计团队通过设计使之成为一个舒适的休闲游憩场所，并以足够亲切的姿态邀请人们亲近水体，触摸水面。通过借用现状引水管路，将扎如沟高位自然水源仅靠重力引入林卡，成为林卡中众多水景的水源。景观区内丰富的水景形式，也呼应着九寨沟自然保护区内不同海子的样式，以镜水、叠水、流水、跌水等多种形式，搭配青石板、河滩石、料石等不同池底材料，结合微地形、道路、现状林地交错布置，选取合适的滚落山石为汀步，使游客能够快速方便地穿梭于各个水景形态之间。

入口夜景航拍 ①

国内篇

绿美景区

曲靖市：入滇锁钥 （刘成龙 摄）

曲靖
珠江之源　爨乡福地

曲靖绿色转型绿色发展绘就云岭新画卷[1]

一、案例所在地

曲靖

二、案例概况

曲靖市位于云南省东部、中国第三大江——珠江的源头，东与贵州省、广西壮族自治区毗邻，南与云南省文山州、红河州接壤，西接昆明市，北

---

[1] 云南省社会科学院、中国（昆明）南亚东南亚研究院编著：《世界花园彩云南》，云南人民出版社 2021 年版，第 332-335 页。同时参考刘成龙：《曲靖市深入践行绿水青山就是金山银山理念，坚定不移走生态优先、绿色发展之路》，《曲靖日报》2022 年 3 月 4 日。

临昭通市，素有"入滇锁钥"之称。国土面积 2.89 万平方千米，辖 3 区 1 市 5 县和 1 个国家级经济技术开发区，总人口 670 万，青壮年劳动力占 62%，是云南省第二大经济体和第二大城市。先后荣获全国文明城市、国家卫生城市、国家园林城市、国家森林城市、全国双拥模范城市等荣誉。①

全市以维护珠江源生态安全、创建国家森林城市为抓手，大力推进国土绿化进程。曲靖市创建国家森林城市 3 年成效显著。全市森林覆盖率由创建初期的 43.33% 增加到 44.27%；城区绿化覆盖面积达 9163.36 公顷，较创建初期增加了 1456.49 公顷；平均绿化覆盖率由 36.6% 提高到 40.47%；城区街道树冠覆盖率由 27.36% 增加到 36.84%；人均公园绿地面积由 8.76 平方米增加到 12.99 平方米，净增 4.23 平方米。实现了森林面积、森林蓄积、森林覆盖率为主要指标的森林资源总量的整体提升。

三、设计要点

生物多样性保护全面加强。曲靖持续做好自然保护地整合优化工作，截至 2021 年，全市自然保护地总面积达 36.26 万公顷，自然保护区总面积达 30.31 万公顷，湿地保护率为 48.13%。切实加大对陆生野生动物的监管保护力度，建立 4 个陆生野生动物疫源疫病监测站，其中国家级 1 个、省级 3 个。依法依规开展陆生野生动物驯养繁殖利用许可项目审批工作，去年办理野生动植物相关行政许可 12 件。

全面推行林长制。成立林长制工作领导小组，研究制定《曲靖市全面推行林长制实施方案》，各县（市、区）建立了相应工作机构，印发实施方案。共设立林长 3253 名，其中市级林长 15 名、县级林长 209 名、乡级

---

① 曲靖市人民政府：《曲靖市情简介》。

罗平油菜花[1]

林长 1520 名、村级林长 1509 名，划分各级林长责任区 3196 个。

　　林草经济稳步提升。持续推进林下经济发展，不断拓宽林业经营领域，促进农民增收，去年新增林下经济经营面积 1.2 万亩，全市累计发展 43.7 万亩，产值达 25.86 亿元。加快草原产业转型升级，加快推进草畜平衡示范区建设，带动草原畜牧业由粗放型、数量型向现代化集约高效型转变，完成林草贴息贷款 6095 万元。充分发挥龙头企业对林草产业的带动辐射作用。去年，成功申报国家级龙头企业 1 家、省级龙头企业 1 家，成功入选国家林下经济示范基地 1 个；组织 3 家重点龙头企业参加大理永平森林生态产品原产地活动，1 家重点龙头企业参加第十四届中国义乌森林生态博览会，充分展示曲靖的各类林业生态产品，提高曲靖林草生态产品的知名度。

花团锦簇的曲靖珠江源广场　　（刘成龙　摄）

---

① 图片来源：曲靖市政府新闻网，http://www.qjrb.cn。

普洱

普洱人家社区[①]

一、案例所在地

普洱市

二、案例概况

"普洱人家"社区位于普洱市中心城区北部，项目总占地面积241801.21平方米（362.70亩），总建筑面积为448406.17平方米，绿地率38.56%，绿化覆盖率41.56%，容积率1.552。

三、设计要点

坚持以人为本，统筹规划建设。坚持以人为中心的开发理念，统筹考虑建设合理性和经济可行性，立足惠民利民、务实节俭、科学布局、强化绿地的普惠性和均好性，采用海绵型绿地建设理念，推进节约型绿地建设，

普洱市普洱人家社区绿美建设[②]

①② 普洱市发展和改革委员会 2021 年供稿。

国内篇

绿美社区

使用特色乡土树种，谨慎使用外来树种，更好满足人民群众多层次、差异化、个性化的需求，不断增强人民群众获得感、幸福感、安全感。充分发挥社区党组织引领作用。

尊重现有场地生态结构，构建人与自然和谐融洽的生态人居环境。普洱人家规划了"一心""两轴""四片""六点"的功能分区，"一心"为福泽潭中央滨水景观区，"两轴"为福泽河畔景观大道和幽谷兰溪健康步道，"四片"分别是悠然苑、怡然苑、陶然苑和金盾苑，"六点"分别是龙兔呈祥主入口景观、方壶胜境北入口景观、缕月云开次入口景观、鱼跃迎宾西入口景观、谐趣园和水上会所。通过以上功能分区组合，形成一个功能与景观并重，休闲与养生为一体的生态型普洱人居住小区。普洱人家生态型小区景观主要由两大主轴组成，一条以幽谷兰溪狭长的水系为轴线，其绿意向每个组团发散，呈现出景观的均好性：另一条由福泽潭宽阔的水体组成，其轴线穿越中央滨水主景区和景观钟楼这一景观制高点，呈现出一幅以生态湿地为主的滨水景观。这两大主轴相互交错，勾勒出普洱人家生态型小区景观蓝图。

合理利用现有资源，提升人居环境质量。结合城市气候、地形、文化等自然和人文资源禀赋，协调小区与周边山水共生关系，优化小区绿地系统布局。在保护自然资源的前提下充分利用自然资源，把普洱人家小区南侧森林保护好，并与小区有机融合，大大提升小区绿量、景观效果、生态功能和健康生活指数。

腾冲
中国最美银杏村落 ^①

江东银杏村

一、案例所在地

云南省保山市腾冲市固东镇江东社区

二、案例概况

江东银杏村位于腾冲市固东镇东南面，因村内拥有天然连片的银杏林 1 万余亩、4 万余株，被称为银杏村。先后荣获中国最美银杏村落、全国生态文化村、全国最有魅力休闲乡村、全国乡村旅游典范、美丽乡村 4A 级景区、云南省省级文明村、云南 30 佳最具魅力村寨、云南省旅游特色村、云南十大刺绣名村、云南省银杏特色小镇等 11 个省级及以上荣誉称号。江东银杏村在"绿水青山就是金山银山"新发展理念的指引下，使银杏村绿化得到有效保护，进一步提升了绿化美化的景观效果和品质。

三、设计要点

空间布局"以点带面"全面辐射。江东银杏村以古银杏树为点，形成以银杏树资源为中心的民居旅馆、美味农家、银杏特产等主产业和绒绣产业、银杏幼苗种植及延伸产业、田园观光等边带产业，形成网状产业链。同时也形成牵带机制，辐射周边社区，如荥阳油纸伞、顺利皮影戏、荥阳花海和冬桃采摘园等。

形成"最美自然村 + 最美农家"发展模式。在通过对原有风貌的保护和修复以及"绿水青山就是金山银山"精神为指引的基础上，对银杏村周

---

① 中共保山市委宣传部 2021 年供稿。

腾冲银杏村 （江晓雯 摄）

围及内部自然村和农户住所进行风貌改造。改造主要分为以下几种模式：

周围原始松林和植被保护：对自然村周边的诸多原始松林和重要植被进行保护，严禁砍伐，并写进村寨"村规民约"进行约束和监督，对自然枯死树木进行补植，打造自然朴实的美丽村庄。每年都根据自然村的环境、卫生等情况进行评比，评比出一个最美自然村。

自然村保护与修复：江东银杏村辖四个自然村，每一个自然村都有独特的资源和风貌。对资源的保护和风貌的整改极为重视，不惜一切努力。如：坝心自然村是传统古村落保护村，对村里的房屋建筑、矮墙、居家环境和古建筑古文物等都有明确和严格的建设和保护措施。

农户住所（农家乐和民居旅馆）改造：社区农户住所房屋结构都是木结构，样式为红砖青瓦，并根据地基大小形状，筑有火山石围成的高墙或者矮墙。对农户住所的风貌改造主要从以下方面着手：一是人畜全部分离，没有条件的用风景墙隔开，减少了病毒传播，对农家乐和民居旅馆实行分离，庭院和房前屋后不准豢养家禽；二是社区整体庭院硬化率已达99%，卫生厕所改造率已达90%以上，农家乐和民居

秋韵　（罗维奇　摄）

旅馆卫生厕所改造率为100%，且入户道路及主道路硬化已达100%；三是房屋前后美化绿化，主要以栽种银杏树为主，以其他景观植物为辅；四是大门和住房装修要求，大门以古建筑形式构建，样式统一，材料要求环保，装修材料要求木材料，禁止建造钢架房；五是房间设置要求，设置卫生间、洗澡间等设施和电器设备，用品为星级用品；六是安全性，民居旅馆必须配备消防用品，农家乐食材保证安全，且从业人员要求有相关从业证件。

评星定级：对农家乐和民居旅馆实行评星定级，评星定级条件为整体环境、整洁程度、植被搭配及人员素质等，时间为一年一次。

截至目前，江东银杏村绿化面积约2273亩，借助乡村旅游的发展之机，对古银杏树等古老树种进行挂牌保护，完善禁止砍伐银杏树等相关措施，使社区的绿化得到更进一步的保护，提升了绿化美化的景观效果和品质。同时新增建设凉亭、公共卫生厕所、文化广场等设施，为旅游产业的良性发展提供了硬件基础，也为下一步评选"绿美乡村"树立标杆典型，开展城乡绿化美化建设评优学优活动，创造了积极条件。

普洱
小勐养高速公路

一、案例所在地

普洱市思茅区　景洪市小勐养镇

二、案例概况

思茅—小勐养高速公路，简称"思小高速公路"，是中国唯一一条穿过国家级热带雨林自然保护区——西双版纳国家级自然保护区的高速公路，是昆曼公路连接中国的第一站。思茅—小勐养高速公路北起普洱市思茅区南郊，南至景洪市小勐养镇北；线路全长 97.75 千米，设计速度 60 千米 / 小时。思小高速公路沿线区域除坝子外，其余区域自然植被覆盖率高，林草覆盖率达 62%—92%；植被类型复杂，层次和结构复杂，物种多样性丰富。其中，植被包括了热带雨林、热带季雨林和亚热带常绿阔叶林等 9 个植被类型。[①]

三、设计要点

保护为先，建设生态公路。思小公路是中国首条穿越热带雨林的生态高速公路，1/3 的里程从小勐养国家级自然保护区试验区次生林带穿过。为保护公路沿线热带雨林的生态系统，工程建造了 30 座隧道和 300 多座桥梁，使高速公路与保护区完全分隔，既保留了野生动物的通道，也方便了当地居民出行。[②] 其建设过程有效地避免了对自然保护区的破坏，思小高速公路最终成为一条与茫茫雨林随行、与万顷绿波相伴的生态高速公路。

---

① 张华君、谢仁建：《思小高速公路生态环境影响及防治对策》，《2012 中国环境科学学会学术年会论文集（第四卷）》。
② 《普洱思茅至澜沧高速公路建成正在进行通车前准备工作》，人民网 2020 年 12 月 30 日。

科学指导，打造"绿色样板"路。科学数据是行动的依据。通过监控和检测思小路全线水质、空气、噪音的排放情况，实时掌握全线水保、环保情况。采取有效措施，及时解决公路建设与水土保持和环境保护的矛盾问题。① 因思小高速公路穿过著名的野象谷景区，为在建设中最大限度地减少对野生动物的干扰，参与建设的3万多人默默进驻，悄悄动工。通过建设桥梁为野象出没留下通道，最大限度地减少对野生动物的干扰，同时设置了人性化的标志牌、生态隔音墙，提示过往驾乘人员保护野生动物，爱护生态环境，每一个细节都尽量做到"不破坏""不打扰"。②

多元融合，营造多样性植被景观。在景观工程施工中，把当地少数民族文化符号融入工程中，以展现当地的文化底蕴。在绿化施工中，充分利用边坡生物恢复课题研究成果，从140多种本地植物中筛选出49种植物作为思小高速公路的绿化植物，保证了物种的本土化和多样化。在工程建设中，加大对周边环境的保护，采用人工挖孔，保护桥下10万平方米的林木面积，隧道开挖采用了"零开挖进洞"，使10万平方米植被得到有效保护。③

思茅—小勐养高速绿美交通建设④

① 《穿越，在热带雨林》，《云南日报》2006年4月5日。
② 《沿着高速看中国走"生态大道"思小高速公路，尽享民族特色之旅》，云南省交通运输厅2021年4月16日。
③ 《思小高速公路》，《中华建筑报》2010年10月30日。
④ 图片来源：普洱市交通运输局，http://www.pes.gov.cn/zwgk1/xxgk2/zfbmxxgk/pesjtysj.htm。

弥勒
弥勒甸溪河湿地公园[①]

一、案例所在地

弥勒市

二、案例概况

甸溪河是南盘江左岸支流，承担红河州弥勒市境内主要的农业灌溉和工业供水，是弥勒人的母亲河，但曾因为污染严重、水质恶化，一度成了一条实实在在的"臭水沟"，严重影响人们生活的幸福感、满意度。红河州坚持以人民为中心，对甸溪河进行彻底整治，如今的甸溪河水变清了，岸变绿了，游客变多了，成为弥勒人民的"幸福河"。

三、设计要点

在治理过程中，当地统筹生态、美学、人文、经济、生活等要素，系统性谋划推进、高水平规划设计、高质量建设管护，治理效果明显。

规划引领，打造自然生态空间。弥勒以建设"现代田园城市、健康生

甸溪河湿地公园鸟瞰[②]

---

① 中共红河州委宣传部 2021 年供稿。
② 图片来源：房天下网，https://cj.sina.com.cn/articles/view/2603857891/9b33b7e302001u7dq?display=0&retcode=0。

活福地"为主线，坚持治水、治污、治景、治村、人水共治"五治"同步，努力让水"活起来、净起来、美起来、亲起来"，全力打造"山水相融、林水相映、城水相依、人水相亲"的甸溪河湿地公园景区，形成了以防洪排涝、生态涵养、湿地保护、田园风光、文化展示、旅游休闲于一体，构建望得见山、看得见水、记得住乡愁的城市自然生态空间。坚持以整体规划为引领，加强对周边村庄违章建筑严格管控，规划开展村庄风貌改造提升，为周边群众创建干净宜居的美丽新家园，全面提升了城市"颜值"和品位。

生态修复，保护多样性天然美。坚持以自然恢复为主、人工修复为辅，推动流域生态系统逐步恢复。推进综合治理全面提升河道水环境质量，对河道进行局部扩宽改造，河道最宽处达 100 米，甸溪河城区段防洪能力进一步提升。坚持顺应自然方针建设生态驳岸，采用大块鹅卵石、干砌块石堆砌河段 16600 余米，延展草皮护坡，实现与水面无缝对接；增强甸溪河湿地生物多样性保护功能，在比降较缓的河段增加鸟类栖息绿洲，丰富物种多样化；利用滩地设置绿化地、公园栈道，充分开发其休闲、亲水功能；因河制宜，将 4.8 千米河道恢复到近自然状态，保留河滩和弯道，减少河床的坡降；恢复河道周边生态植被，拓展自然生态空间，留住水生植物、动物，实现人与自然和谐共处。全面整治农业面源污染，通过在河道两侧建湿地，农田用水先经过物理过滤，再流到生态湿地里，利用荷花、茭瓜等水生植物经过生物吸附、过滤、降解后最终才流入河道内。改造生态林及村庄污水垃圾处理，注销入河排污口，水质监测保持 Ⅱ 类，清清河水重新回到人们视野当中。

以人为本，提升幸福感满意度。构建生态廊道、创建湿地公园、建设旅游休闲设施，美化、亮化、绿化甸溪河河道沿线，致力打造健康生活目的地的云南样板。一期工程共栽种雪松、刺桐、香樟、银杏等 867 个品种的乔木 40 余万株，绿化种植 54 万平方米、草坪种植 56 万平方米。根据不同河段用地性质和主要景观功能，将河道分为峡谷溪流段、田园风光游

国内篇

绿美河湖

憩段、城北生态湿地休闲段，从生态景观到田园景观、园林景观都体现出不同特色，展示不同风景，各具不同韵味。完成人行栈道建设 4.26 千米，建设 3 座景观桥、2 条连接道路，安装路灯、草坪灯、庭院灯 1118 套，建成公共卫生间 7 座，建成停车场 3 处、驿站 8 处，增设智慧旅游，将"甸溪河 24 景"接入"一部手机游云南"App，增强人文景观交融的体验感。沿途水清岸绿，空气清新，负氧离子含量高，成为市民休闲娱乐健身赏景的佳处。

共治共享，治理常态化长效化。结合城乡人居环境提升工作，实行雨污分流，建成截污管道超过 1 万米，同步推进沿线 6 个乡镇污水处理厂建设，增强污水管网配套性和处理设施功能性。全面开展村庄生活垃圾治理，形成完整的"组保洁、村收集、镇转运集中处置"农村生活垃圾处理体系。编制出台了甸溪河"一河一策"，落实河长制责任体系，39 名四级河长，110 名督查长、监督员、保洁员全面履职尽责，建立了"一季一调度、半年一督查"的督察考核机制，充分发挥沿河基层党组织作用，党建引领强化河流巡防巡查保护管理，"市民河长""村民河长""企业河长"等众多志愿者齐参与，实现"政府治河"向"全民护河"彻底转变。加强宣传引导，营造良好氛围，沿河村庄村组干部和群众自发组建形成 50 余人的青年志愿服务队，宣传自主自律健康生活，践行绿色环保生活理念，着力培养周边群众的文明卫生意识，落实门前四包责任，破除一系列损害自然生态的陈规陋习，遏制河岸乱倒生活垃圾的不文明现象，实现人水共治和谐共生的良好局面。

甸溪河湿地公园鸟瞰 [1]

---

[1] 图片来源：弥勒先锋网，http://zswldj.1237125.cn/html/hh/ml/2022/4/15/cbf6cc41-7ec2-47e2-a0b2-203955d351fa.html。

昆明
云南大学呈贡校区^①

一、案例所在地

云南省昆明市

二、案例概况

云南大学呈贡校区位于昆明市呈贡区新城东南部雨花大学城片区内，毗邻吴家营片区、乌龙片区和大渔片区。校园总体规划面积约260公顷，校内花木葱茏，校园景观富有深厚的人文底蕴与独特的自然风致。

三、设计要点

山水贯通的空间格局。以云大门、云龙涧、石头山组织中轴线，上通小关山，下达关山水库，山水相连。保留基地内山头，辟低谷为

云南大学呈贡校区鸟瞰图^②

① 肖时禹、李泽新、杨涛：《校园规划的文化传承与山水意境》，《山西建筑》2009年第35期。
② 图片来源：云南大学官网，http://www.ynu.edu.cn/。

国内篇　绿美校园

山溪，形成"一山一湖、一涧绕其间"的核心空间格局。校园空间布局顺地势变化，采用簇群形态的灵活布局方式，与山体、冲沟、溪面连成一气，南部边地的绿廊与老尖山、石头山贯通，整个校园与周边山水相互贯通，凸显中国传统空间格局。

有机的道路系统。校园内道路网结合地形布置，山转路斜，与校园环境融为一体。依托环状路网，布置自行车道路与步行流线，形成完整通达富有特色的步行系统。贯穿校园的主干道延伸至各院系组团内部，而休闲性的步道沿绿化景观带及水系展开，形成尺度和景观感受变化丰富的步行空间，为师生创造安全的日常交通环境和宜人的人际交流活动场所，整个

云南大学呈贡校区泽湖 ①

---

① 图片来源：云南大学微信公众号，https://mp.weixin.qq.com/s/duxuuqnA_rjfNfoqdGHuRA。

道路交通系统成为校园生活的多体验廊道。

传统院落式的建筑布局。建筑布局采用传统的院落式布局，主要教学建筑群皆依据山势自由布置，各自形成院落，水系穿行其中。院落之间院中透景、景中望远、院景交融。建筑布局强化了山水格局，突出天人合一，体现源远流长的人文脉络，并反映校园建筑文化意象。

点线面结合的绿化景观体系。校园形成多层次的、点线面结合的绿化景观体系。校区内多个广场与景观小品形成点式绿化景观；校区规划轴线及各个流线形成不同风格的线式绿化景观；沿水生态带与山体生态带共同构成了学校的面式景观体系，形成网络状的生态绿化基质。

云南大学呈贡校区实景图　　（杜建彪　摄）

红河卷烟厂入口鸟瞰图①

红河
红河卷烟厂②

一、案例所在地

红河哈尼族彝族自治州

二、案例概况

红河烟草产业园区，占地 800 亩，总建筑面积 18.6 万平方米。经绿化改造，红河卷烟厂成为一座园林式的绿化工厂，为烟厂职工打造最美的工作环境，同时通过大量的绿色软景的铺垫，让烟厂成为最为生态的工业园区。

三、设计要点

点线面布局园区园林景观。园区经改造形成了点线面相结合的绿化景观体系。布局手法突出"点"、重视"线"、提高"面"。"点"

---

①② 红河州发展和改革委员会 2021 年供稿。

红河卷烟厂鸟瞰①

为厂区景观重要节点，"线"为厂区景观大的景观轴线和景观实现，"面"是由景观节点和景观轴线、视线共同形成的厂区景观绿化的大效果。整个园区以"云山玉水，最在红烟"为主题设计，注重生态绿色，并将企业文化、关怀员工生活的功能充分融合到景观环境中，突出人本思想，给予人丰富的绿色生态环境体验。

增色添景，四季有彩。通过时令花卉、花灌木、花乔木、彩叶植物、地被植物、藤本植物合理搭配的方式，为园区增色添景。植绿、补绿、打造高低错落、层次分明、色彩协调的园区新景观，进一步增加城市绿植覆盖率和景观立体化效果，形成了"四季有彩"的园区景观。进一步优化城乡面貌，增加城市色彩，打造特色鲜明、生态自然的绿化景观，以促进园区整体形象提档升级，全面提升园区发展软实力和竞争力，让园区在丰富的色彩、立体的造型中焕发新的生机与活力。

① 图片来源：腾讯新闻网，https://view.inews.qq.com/k/20210629A03YCE00?web_channel=wap&openApp=false&f=newdc。

国内篇 绿美园区

文山
普者黑景区 [1]

一、案例所在地

文山壮族苗族自治州

二、案例概况

普者黑景区位于丘北县境内，作为滇东南最著名的旅游景点，是云南省旅游业最为靓丽的名片之一。

普者黑青山绿水 [2]

其具有喀斯特岩溶地貌，以"水上田园、湖泊峰林、彝家水乡、岩溶湿地、荷花世界、候鸟天堂"六大景观而著称，是国家级风景名胜区、国家AAAAA级旅游景区，是滇东南的重要旅游中心，是云南省旅游业"三线六区"中的昆明—石林—阿庐古洞—普者黑—罗平滇东南片区的重要旅游目的地。

三、设计要点

适度开发，整合优质资源。文山州在发展生态旅游的同时积极整合资源，争取实现普者黑景区人与自然的可持续发展。继"承接东西、贯通南北、通边达海"的独特区位优势和自然资源优势，聚焦"文、游、医、养、体、学、智"全产业链，围绕全域、高端、康养做文章，深耕农旅融合，打好普者黑这张"王牌"，建设一批田园综合体，加快提升基础能力，打造独具特色的山水田园风光旅游目的地，促进全域旅游提档升级、提质增效，推动文山旅游高质量跨越式发展。

---

① 中共文山州委宣传部 2021 年供稿。
② 图片来源：500px 网，https://500px.com.cn/community/photo-details/72b9a5ea15e94d34b5b0e30187c7b39a?fl=%E6%99%AE%E8%80%85%E9%BB%91,7,13。

*综合治理，绿色发展。*从启动治"湖"到精准治"湖"，丘北县拿出咬定青山不放松的劲头，按照山水林田湖草是一个生命共同体的理念，加强了普者黑湖的综合治理、系统治理和源头治理。强化项目建设，夯实保护治理基础。加大综合整治力度，推进群防群治、科学治湖、精准治污，坚持走生态优先、绿色发展之路。将"绿水青山就是金山银山"的理念变为市民自觉行动，提高了全民生态环境保护意识，营造了"保护普者黑湖，共建生态文明"的良好氛围。

　　*科学规划，谋定即行。*为扎实推进普者黑湖流域水生态环境保护与治理工作，文山编制完成了《丘北县普者黑湖流域综合治理规划（2021—2035年）》《丘北县普者黑湖"一湖一策"保护治理行动方案（2021—2023年）》《云南省文山州普者黑湖湖滨生态红线及湖泊生态黄线"两线"划定方案》，把思路转变到全流域系统治理上。按照目标导向、分期实施、循序渐进原则，规划近期重点开展集镇和沿湖村庄生活污水收集处理、农业面源污染治理、入湖河流水质提升工程等控源截污和水环境治理工程，流域农业节水工程、应急补水连通工程等水资源优化配置工程，流域生态修复建设和智慧流域管控工程等，不断提高流域治理水平。

普者黑景区　　　（刘兵　摄）

展望……

绷美之约

十年树木，百年树人。放眼未来，绿美云南建设是云南开启新时代生态文明排头兵建设的重要举措，是人与自然和谐共生的美好约定。"人不负青山，青山定不负人。"云南全面学习贯彻落实党的二十大"建设人与自然和谐共生的现代化"要求，坚定不移走绿色发展之路，化愿景为现实，笃定前行，厚植绿美理念，践行绿美行动，约定十年韶华，携手绘就山更青、林更茂、四时鲜花长飞，万顷琉璃碧波荡漾的壮美画卷，"绿色"成为展云南大美的全新形象，绿美云南必将成为美丽中国的新标杆、示范区。

践行生态文明排头兵建设，奏响建设绿美云南的号角，一任接着一任干，一代接着一代干，不仅以更强的责任、更加有力的举措守护好、建设好绿水青山，更要以云南样板打通"绿水青山"向"金山银山"转化的通道，满足人民群众对美好生态环境的向往，让云岭大地成为"我心向往"的诗意栖居之地。

经过绿美云南十年耕耘，生态保护和修复迈上新台阶，云南整体生态环境逐年改善、不断向好，林草植被的自然更新能力不断增强，野生动物群落逐年复壮。让这片土地成为人们憧憬向往的"诗与远方"同在的大美之地。

绿美云南建设，就是要让云岭大地的山更绿、林更茂、水更清，芳草如茵，鲜花长盛不衰，生物多样性更加丰富，持续提升人居环境，从而不断筑牢西南生态安全屏障。

牢固树立绿水青山就是金山银山的理念，云南强有力回应广大人民群众对解决生态环境问题，特别是环境污染问题的急切期待，让人民群众能够切身体会到绿色发展理念的强大实践力量，从根本上增强人民群众解决环境污染问题的信心和决心，走出云南绿美生产生活路子，云南绿美生产方式格局基本成型。

云南各族人民千百年来秉持的"天人合一"守护了绿水青山和丰富的生物多样性，人与自然各美其美、美美与共。正是绿美建设，让云南人民对生命、对自然的热爱与赞美内化于心，外化于行，云南坚持人与自然和谐共生，青山可望，绿水长流，既有人鸥相嬉的城市之光，也有小桥流水的乡愁之韵，致力于为中国乃至世界提供"人与自然生命共同体"的云南样板。

通过绿美云南建设的不舍之功，未来定会呈现这样的愿景：登高远眺，极目四野，远山眉黛，茂林修竹，峰峦叠嶂，鹰击长空，鱼翔浅底，万类霜天竞自由。行走在云岭大地，人在林中，林在景中，景在画中，各个地方几乎都建成绿美之地，各有特色。既有神奇的热带雨林景致，又有雄阔的雪域和草原风光，也不乏绮丽婉约的竹楼、小桥、流水的和合之美。

云南绿美城市，因特而美，各美其美，熨帖身心，抚慰心灵，美出地域特征，留住一座城市的灵魂，彰显历史文脉与现代文明交相辉映的荣光，在雅俗之间拒绝千篇一律。在昆明，主城区"公园城市"中漫步，"春城无处不飞花"，五百里滇池奔来眼底，翠羽丹霞点缀其间，自然公园、郊野公园、社区公园、"口袋公园"、小微绿地合理布局，松柏挺翠，香花锦簇，芳草连天。在丽江，迄今800多年历史的大研古城，小桥如虹，横跨绿潭之上，云南特有的400多种花儿肆意绽放在每一处幽静或喧嚣的巷道。微风拂面，穿堂风从错落的民居建筑中吹过，携着花香，"花园城市"的呼吸直抵人心。在西双版纳景洪市，"雨林城市"中可见藤蔓缠绕，倾听溪水潺潺，茂密树叶间隙透出的斑驳阳光，焕发出与众不同的色彩，呼吸富含负氧离子空气的舒爽，欣赏雀之灵优美舞姿，探访与雨林共生共长的大象，感受雨林孕育的万千生命，迎面扑来的湿热带来无尽的活力和绿色，收获并感谢来自大自然的慷慨馈赠。绿美城市结合自身城市形象与文化特征，依据云南"十里不同天"的地域差异化特征，打造特色鲜明、丰富多彩、文化历史悠久、生物多样性友好的城市山水脉络和风貌格局。十年后，云南城市将各美其美，拥有独特的城市区域性与城市文化形象特征，建成具有云南文化特色的历史文化品牌，形成具有国际影响、中国气派、古今辉映、诗画交融的文化云南品牌，成为新时代云南形象的展示窗口。

通过绿美社区建设构建城镇开放共享空间，开放专属绿地，有山有水，推窗即见，郁郁葱葱，打破消融冷酷的界线，社区绿色空间不断拓展，深刻洞悉现代人全龄化生活理想，让居民真正成为绿美社区的受益者，彰显全龄友好之美。一批批拥有垂直绿化、立体交通，形成立体、多层次复合绿化系统开放式小区，以点串联成线，让城市在各个层面上流动不息。

春风伴雨茶飘香，满园嫩绿一点黄。绿美乡村建设尊重乡村地理风貌与文化肌理，致力于留住乡村记忆、呵护乡村记忆、活化乡村记忆，使家园空间具有高度的人文品质和良好的生态环境。云南绿美乡村建设，把乡村的"小桥流水人家"的诗韵保留下来，全心营造一种"剪不断理还乱，别是一番滋味在心头"的"乡愁"之韵。让乡村重现"乡愁"之美，重拾人文与自然和谐共生的唯美风貌，徜徉乡间，感受"暮归的老牛是我的同伴，牧童的歌声在荡漾"或是"稻草也披件柔软的金黄绸衫，远处有蛙鸣悠扬，枝头是蝉儿高唱，炊烟也袅袅随着晚风轻飘散"的乡愁意境，让诗意的栖居成为人们日常的生活环境。

云南深入贯彻落实习近平生态文明思想，力争高原河湖水清岸绿、鱼翔浅底，满足群众对优美生态环境的向往——清澈的河流湖泊，"水城相映，水文相融，水绿相依，水人相宜"的良好生态环境，使之成为美丽中国重要的组成部分。

美丽邂逅在路上。统筹构建绿美交通，高质量发展"大写意"和"工笔画"的美丽交通格局，让美丽云南的交通更好融入自然，向游客展示云南生态美、景观美、人文美，成为靓丽的风景线、浓缩的明信片载体，让云南美在路上、留在心间。

伴随校园的琅琅书声，小树苗也能长成参天大树。着力为师生们营造绿树成荫、花开四季的优雅校园环境，有四季常绿、季相分明、色彩斑斓的丰富植物品种，也不乏花鸟鱼虫生机盎然的校园氛围，在亲近大自然中完成言传身教，真正实现"树人"与"树木"并举。

建设绿美工业园区，聚焦以人为本、全面协调可持续发展，逐步实现人与自然、社会和谐共生、良性循环、全面发展、持续繁荣的生态文明，推动园区发展生态化转型，促进区域资源环境与经济协调发展，从而助推园区经济高质量发展。

通过绿美景区建设，助力云南旅游开发进入"大旅游时代"，响应新时代社会发展环境和旅游产业成熟发展的内生需求。通过绿美景区建设，借力"大旅游产业"来盘整山河，明确旅游在城市发展中的积极作用，树立旅游整合理念，做到城市即景区，景区即城市。

充分考虑群众意愿，兼顾生态和经济效益，培育和扶持云南产业特色，实现经济发展和民生改善良性循环。促进旅游业态开发创新与当地特色农业、居民增收、经济发展有机融合，实现共赢发展，守护好云南旅游这块金字招牌。

秉持人类命运共同体理念，依靠云南"植物王国""动物王国""物种基因库"的良好基础，通过绿美建设，为全球生物多样性保护和可持续发展贡献出中国智慧和力量，云南生态文明引领力持续彰显。

地球是人类共同生活和守护的家园，生物多样性是人类赖以生存和发展的基础，是地球生命共同体的血脉和根基。云南将始终做万物和谐美丽家园的维护者、建设者和贡献者，不仅能够服务和支持长江珠江下游中国黄金经济带的发展，也能维护东南亚南亚多个国家的生态健康，云南朝着建设面向南亚东南亚辐射中心迈出坚实步伐，美丽开放的彩云之南处处涌动着勃勃生机，共同努力开启生态命运共同体新征程。

美美与共是绿美云南建设的未来愿景。放眼未来，在生态文明建设理念的引领下，云岭大地各族儿女将继续鼓足干劲，一代接着一代建设美好宜居家园。未来的云南，不仅人与自然各得其所、和谐共生，还与周边邻居携手共建、共享绿美云南的美丽与芬芳，建设成为向世界展示生态文明建设理念和成效的中国窗口，云岭大地必将展现绿美云南的壮丽画卷，谱写人与自然和谐共生的华美篇章。

大美云南 诗意栖居 （和晓燕 摄）

后记

为深入理解和贯彻习近平生态文明思想价值观，学习贯彻落实党的二十大精神，以习近平总书记两次考察云南重要讲话、重要指示批示精神为指引，立足"五位一体"总体布局和协调推进"四个全面"战略布局的重要内容，突出生态文明建设地位的重要意义，结合云南省实际情况，由云南省社会科学院组织撰写《绿美云南》一书，以期配合《云南省城乡绿化美化三年行动计划》的出台进行理论阐释与实践引导。

编写过程中，我们坚持重点突出、详略得当、着眼主题、材料新颖，确保内容的准确性、时效性、可读性，放眼国际、立足国内、聚焦云南，坚持政治统一、目标统一、思想统一原则，撰写文稿力求观点准确、分析合理、层次鲜明、生动活泼。

杨正权院长作为本书的总策划人全程指导本书写作，从框架结构到具体内容均给予了富有开拓性、操作性的指导。参与本书撰写的人员有：序言撰稿为刘婷、尤功胜；第一章绿美之要撰稿为刘镜净、周月、温世民；第二章绿美之基撰稿为曹津永、张党琼、杨再山；第三章绿美之魂撰稿为蔡榆芳、郑畅；第四章绿美之路撰稿为王贤全、秦会朵；第五章绿美之核撰稿为刘镜净、曹津永、刘兵、杨建美；第六章绿美之功撰稿为冯勇；第七章绿美之鉴撰稿为付丙峰、蒋昂妤、杨建美、刘娟娟、耿芳、鲍璇、尹以俗、王艳榕；展望：绿美之约撰稿为孙梦笛；后记撰稿人为蒋昂妤。陈光俊、刘婷、尤功胜、付丙峰、温世民、杨再山负责全书的统筹协调工作。

《绿美云南》作为云南省城乡绿化美化三年行动的开篇之作，在写作上是一次新的尝试，在合作上也是一次新的突破。谨以此书向云南省发展和改革委员会、西南林业大学等所有为此书做出贡献、给予课题组帮助的各级领导和工作人员表示诚挚感谢！向为书稿提供智力支持和悉心指导的专家们表示诚挚感谢！向为此书付出辛勤劳动的编辑出版人员表示诚挚感谢！

限于撰稿人的学术水平与实践经验，书中难免存在不足，敬请读者批评指正。

编者

2022 年 7 月

后记